AF532653

Brinkmann/Schattenhofer
Erfolgreiche Teams in der Selbstorganisation

Erfolgreiche Teams in der Selbstorganisation

Sechs Aufgaben, damit Teams arbeitsfähig werden – und welche Rolle Führung dabei spielt

von

Babette Julia Brinkmann

und

Karl Schattenhofer

Verlag Franz Vahlen München

Prof. Dr. **Babette Julia Brinkmann**, Diplompsychologin, Trainerin für Gruppendynamik (DGGO), Supervisorin/Coach (DGSv), systemische Beraterin. Sie ist Professorin für Psychologie mit dem Schwerpunkt Gruppen- und Organisationspsychologie an der TH Köln. Ihre Schwerpunkte in Forschung und Lehre sind agile Arbeitsformen, Organisationsdynamik sowie soziale Nachhaltigkeit. Sie ist Mitherausgeberin des Sustainable Society Index (SSI) und Autorin mehrerer Artikel und Buchbeiträge. Zudem ist sie Mitglied bei TOPS München-Berlin e.V., einem Verein, der gruppendynamische Trainings und Weiterbildungen anbietet – insbesondere für Akteur:innen in der Selbstorganisation.
Kontakt: babette.brinkmann@th-koeln.de

Dr. **Karl Schattenhofer**, Diplompsychologe, Trainer für Gruppendynamik (DGGO), Supervisor/Coach (DGSv). Seit Ende der 1980er-Jahre beschäftigt er sich mit dem Thema Selbstorganisation und Gruppe. 1992 legte er eine Studie über die Entwicklungs- und Steuerungsprozesse in sich selbst organisierenden Gruppen vor. Seit dieser Zeit berät und beforscht er Gruppen und Teams, entwickelt gruppendynamische Designs für das soziale Lernen von Erwachsenen und bildet Trainer:innen für Gruppendynamik und Supervisor:innen/Coaches aus. Er ist Autor und Herausgeber zahlreicher Artikel und Bücher, wie z.B. Einführung in die Gruppendynamik, Einführung in die Teamarbeit (beide Carl-Auer Verlag) und des Handbuchs Alles über Gruppen – Theorie, Anwendungen, Praxis (BELTZ). Er arbeitet als freiberuflicher Trainer und Berater für Profit- und Non-Profit-Organisationen und ist darüber hinaus Gründungsmitglied bei TOPS München-Berlin e.V., einem Verein, der gruppendynamische Trainings und Weiterbildungen anbietet – insbesondere für Akteur:innen in der Selbstorganisation.
Kontakt: k.schattenhofer@tops-ev.de

ISBN Print: 978 3 8006 6691-1
ISBN E-Book ePDF: 978 3 8006 6692-8

Satz: Fotosatz Buck
Zweikirchener Str. 7, 84036 Kumhausen
Druck und Bindung: Beltz Grafische Betriebe GmbH
Am Fliegerhorst 8, 99947 Bad Langensalza

Umschlaggestaltung: Ralph Zimmermann – Bureau Parapluie
Illustration: © apinan – stock.adobe.com (modifiziert)

Gedruckt auf säurefreiem, alterungsbeständigem Papier
(hergestellt aus chlorfrei gebleichtem Zellstoff)

Inhaltsübersicht

Inhaltsverzeichnis

Einleitung

Dieses Buch richtet sich an alle, die in oder mit sich selbst organisierenden Teams arbeiten oder solche initiieren wollen, ferner an Führungskräfte in umgebenden Organisationen, die besser verstehen wollen, wie die sich selbst organisierenden Teams arbeiten und welche Bedingungen für deren Aufgabenerfüllung günstig sind. Wenn unsere Ergebnisse und Überlegungen den einen und die andere dazu ermutigen,

- mit einer ersten inneren Landkarte und Neugierde den Schritt in die Selbstorganisation zu wagen,
- sich angesichts der Vielfalt einen eigenen Weg zu suchen,
- die eigene Teamsituation zu reflektieren und bewusst zu gestalten,
- Rahmenbedingungen zu schaffen, die Teams in der Selbstorganisation stärken,
- sich als Team in einem Krisenfall wieder so aufzustellen, dass die Mitglieder gut und gern arbeiten und sich organisieren können,

dann haben wir unser Ziel erreicht.

Seit Organisationen nach Wegen jenseits der hierarchischen Ordnung suchen, um Arbeit flexibler, zeitgemäßer und unter der Beteiligung der Betroffenen zu organisieren, erleben die Begriffe der Selbststeuerung und Selbstorganisation eine neue Aktualität. Ein zentraler Bestandteil dieser Konzepte ist das selbstorganisierte oder genauer das *sich* selbst organisierende Team. Dort soll die Idee, dass die Beteiligten möglichst viele Belange ihrer Arbeit selbst bestimmen, in die Tat umgesetzt werden.

Als Gruppendynamiker:innen und Sozialpsycholog:innen, die sich schon lange mit Selbstorganisation und Teamarbeit beschäftigen, waren wir neugierig zu erfahren, wie die Praxis in solchen Teams aussieht. Es gibt zahlreiche

Veröffentlichungen, die beschreiben, wie Teams sich organisieren *sollen*, aber viel weniger Literatur dazu, was sie in der Praxis tatsächlich *tun*. Wir möchten dazu beitragen, diese Lücke zu schließen, und gingen in einer Studie den Fragen nach:

- Was tun Teams, wenn sie sich selbst organisieren, und was nicht?
- Welche Aufgaben stellen sich den Teams und welche Lösungen finden sie?
- Wie passen Führung und Selbstorganisation zusammen und wie gelingt es Führungskräften, Teams in der Selbstorganisation zu stärken?

Die Ergebnisse unserer Entdeckungsreise in die vielfältige Praxis dieser Teams stellen wir in diesem Buch vor. Folgende Stationen erwarten Sie:

Zum Einstieg stellen wir grundlegende theoretische Konzepte und Forschungsergebnisse vor, die für unser Thema relevant sind. Wer die Besonderheiten eines Teams als soziales System verstehen (oder Teams beraten) will, braucht einen strukturierten Zugang (eine innere Landkarte), um die richtigen Fragen zu stellen, die Vielfalt der Beobachtungen zu strukturieren, zu interpretieren und in den aktuellen Stand der Diskussion einzuordnen. Wir stellen die lange Tradition der Gruppen- und Teamarbeit in Forschung und Praxis vor und ordnen unser Tun in den aktuellen Stand der Forschung ein.

Im zweiten Kapitel stellen wir dar, mit welchen Methoden wir die Teams und ihre Führungskräfte untersucht, die Sitzungen mit den Teams ausgewertet und die Ergebnisse analysiert haben. Die Offenlegung der Methoden schafft Transparenz, wie wir zu unseren Ergebnissen gekommen sind und können gleichzeitig als Anregung dienen, wie Teams ihre eigene Praxis untersuchen und reflektieren können.

Im dritten Kapitel geht es darum, welche Wege zur Selbstorganisation die fünf Organisationen, mit denen wir für diese Studie zusammengearbeitet haben, eingeschlagen haben. Ein breites Spektrum an möglichen Wegen in die Selbstorganisation wird eröffnet, das zum Experimentieren einlädt. Hier stellen wir zudem die relevanten Begriffe, Ansätze und

Methoden zur neuen Arbeitswelt vor, die in den beschriebenen Organisationen eine Rolle gespielt haben. Sie dienen sowohl zum Einstieg ins Thema „neue Arbeitswelt“ als auch dem Verständnis der untersuchten Organisationen.

Das vierte Kapitel beginnt mit Steckbriefen aller neun beforschten Teams. Damit wollen wir anschaulich machen, dass es sinnvoll ist, jedes Team als Einzelfall mit ganz spezifischen Besonderheiten zu betrachten. Die Aufgaben und Rahmenbedingungen der untersuchten Teams unterscheiden sich erheblich – und die von ihnen gefundenen Lösungswege ebenfalls. Von den Unterschieden geht es zu den Gemeinsamkeiten: Wir sind bei den Befragungen auf eine übergreifende, vergleichbare Haltung gestoßen, die die Teams charakterisiert und der eine spezifische, ausgesprochen selbstbewusste Kultur der Teamarbeit zugrunde liegt.

Die Ergebnisse unserer intensiven Gespräche mit diesen neun Teams aus fünf sehr unterschiedlichen Organisationen verdichten wir in Kapitel 5. Auf der Grundlage der qualitativen Auswertung unserer Daten und im Spiegel unseres theoretischen Ausgangspunktes arbeiten wir sechs Aufgaben heraus, mit denen Teams in der Selbstorganisation konfrontiert sind, und stellen dar, wie die befragten Teams diese jeweils lösen. Mit den sechs Aufgaben bieten wir ein Modell an, das als Instrument für die (Selbst-) Erforschung anderer Teams dienen kann.

Im sechsten Kapitel stellen wir die Perspektive der Führungskräfte vor und fragen, welche Funktionen sie in der Selbstorganisation übernehmen und inwiefern bzw. wodurch es ihnen gelingt, die Teams zu stärken und zu unterstützen.

Im siebten Kapitel wird es praktisch. Es enthält Vorschläge, wie mit den Ergebnissen in Teams gearbeitet werden kann. Dabei geht es gerade nicht um Rezepte und wie man sie „richtig“ anwendet, sondern wir bewegen uns hier auf der Metaebene: Was versetzt mich in die Lage, die Situation im (eigenen) Team zu reflektieren und daraus selbst die notwendigen Schritte abzuleiten? Selbststeuerung in Teams hat sehr viel mit Reflexivität zu tun, und es gibt nicht die eine richtige Lösung, die für alle Teams gültig ist.

Danke

Dieses Buch ist das Ergebnis von Beobachtungen, Diskussionen und Interviews. Wir haben vielen Menschen zu danken, ohne die dieses Buch nicht geschrieben worden wäre. Der Ausgangspunkt für dieses Projekt war unsere gemeinsame Arbeit bei TOPS München-Berlin e. V., ein Zusammenschluss von gruppendynamischen Trainer:innen aus der DGGO (Deutsche Gesellschaft für Gruppendynamik und Organisationsdynamik). Als Spezialist:innen für alles, was mit Gruppen zu tun hat, sind in der Arbeit und in Gesprächen mit den Kolleg:innen bei TOPS die ersten Ideen entstanden, der neuen Selbstorganisation und ihrer Praxis auf die Spur zu kommen.

Ganz am Anfang stand ein Gespräch mit Klaus Polley, der uns den Kontakt zum Konzernaustausch Selbstorganisation und damit zu vier unserer Partnerorganisationen vermittelt hat. Ihm verdanken wir zudem die Überschrift „Vom Penner zum Renner". Im Zentrum der Arbeit stehen die Teams und die Organisationen, die uns Zeit und Vertrauen geschenkt haben, um diese Studie zu ermöglichen.

Wir danken den Teams und ihren Vertreter:innen für den freundlichen Empfang, ihre große Auskunftsbereitschaft und ihr Interesse, Zeit zu investieren und sich mit unseren Aufgaben und Fragen auseinanderzusetzen.

In jeder der beteiligten Organisationen standen uns engagiert:e Partner:innen zur Seite, die unser Anliegen nach innen vertreten und beworben haben, Ansprechpartner:innen waren für unsere Fragen und die Organisation der Teamsitzungen übernommen haben. Wir danken Arndt Frischkorn (Saint-Gobain Bearings), Markus Kriesten (Deutsche Telekom IT GmbH), Stefanie Menzel (Audi Business Innovation GmbH), Markus Müller (Lilly Deutschland GmbH), Claus Riehle und Dominik Schön (dimeto GmbH).

Selina Säger hat im Rahmen ihrer Masterarbeit eine erste Auswertung der Führungsinterviews vorgenommen, die eine wichtige Grundlage unserer weiteren Überlegungen waren. Sie war es auch, die unseren Blick darauf gelenkt hat, wie viel Sozialpädagogik mit der Selbstorganisation in die Organisationen einzieht. Wir bedanken uns bei Katharina Ringeisen, Julien Braun und Niria Krüger für die Transkription der Tonaufnahmen der Gespräche.

Wir bedanken uns außerdem bei Oliver Leeb und Markus Wieser für kritisches Lesen der Ergebnisse und ihre Rückmeldungen dazu, was sie interessiert und was sie sich wünschen, um mit den Ergebnissen gut arbeiten zu können.

Cornelia Edding und Gerhard Schreier haben keinerlei Mühe gescheut und das ganze Manuskript so wohlwollend wie gründlich gelesen. Cornelia Edding danken wir für fachkundige Rückmeldungen und viele gute Ideen zur Gestaltung unseres Textes. Gerhard Schreier hat mit zahlreichen Vorschlägen zu Sprache und Aufbau zur Verständlichkeit und Lesbarkeit des Textes beigetragen.

Besonderer Dank gebührt unserem Lektor Dennis Brunotte, der uns intensiv und geduldig über den ganzen Entstehungsprozess hinweg begleitet hat. Er stand unserer Selbstorganisation zur Seite: stärkend, ohne zu stören, und immer präsent (dass das genau so richtig ist, steht im Kapitel sechs).

Babette Julia Brinkmann, Paris, und Karl Schattenhofer, München

im September 2022

Kapitel 1: Die Gruppe und das Team

Worauf schaut man, wenn man die Arbeit von sich selbst organisierenden Teams untersucht? Auf das Ergebnis der Zusammenarbeit, das gute Klima, die Zusammensetzung und den Zusammenhalt, die Vorgeschichte eines Teams oder auf die Kompetenzen der einzelnen Mitglieder, auf die gleichberechtigte Beteiligung aller?

Diese und viele andere Aspekte können bei der Betrachtung von Teamarbeit eine Rolle spielen. Es braucht ein Konzept von Teamarbeit, das die einzelnen Aspekte in einen Zusammenhang stellt. Deswegen beginnen wir dieses Buch mit theoretischen Überlegungen zu dem Modell von Team und Teamarbeit, das unserer Untersuchung zugrunde liegt.[1]

> Von Teamarbeit wird viel gesprochen, aber häufig nicht das Gleiche darunter verstanden.

Unsere Leser:innen laden wir ein, bei der Lektüre der einzelnen Elemente ihre eigene Vorstellung von Teams in der Selbstorganisation zu reflektieren. Im zweiten Abschnitt dieses Kapitels laden wir dazu ein, sich mit den Anfängen der Team- und Gruppenarbeit in Organisationen auseinanderzusetzen. Vieles, was wir heute als neuen Aufbruch erleben, hat seine Wurzeln im 20. Jahrhundert. Der Blick zurück kann für die heutigen Entwicklungen überaus lohnend sein.

---

[1] Unser gruppendynamisch systemisches Modell hat unterschiedliche Wurzeln: die Gruppendynamik, die Systemtheorie sowie die sozialpsychologische Forschung zu kleinen Gruppen. Dabei beziehen wir uns unter anderem auf ein Modell von Karl Schattenhofer (1992, S. 41–66: „Gruppen als selbststeuernde und selbstreferentielle Systeme"), ein weiteres von Holly Arrow, Joseph McGrath und Jennifer Berdahl (2000, S. 33–60: „Small groups as complex systems"); ein Überblick über die verschiedenen Stränge und die Ergebnisse der Kleingruppenforschung findet sich bei Cornelia Edding (2015, S. 47–83).

1.1 Was ist eine Gruppe und was ist ein Team?

Unter einer Gruppe verstehen wir ein Gebilde ab drei Personen, mit einem verbindenden Vorhaben oder Thema, einer gewissen zeitlichen Dauer, mit der Möglichkeit zu unterscheiden, wer dazugehört und wer nicht, sowie der Möglichkeit, direkt miteinander in Kontakt zu treten und zu kommunizieren. Darunter fallen so unterschiedliche Zusammenschlüsse wie Sport-, Jugend-, Seminar-, Therapie- oder Schulgruppen.

Die Übergänge von einer Ansammlung von Menschen zu einer Gruppe sind dabei durchaus fließend. Freiwillige Helfer:innen bei einem Notfall werden erst dann zur Gruppe, wenn sie beginnen, sich zu organisieren und kooperativ gemeinsam Hilfe zu leisten. In welchem Moment aus einer Ansammlung von Menschen eine Gruppe wird, ist nicht immer exakt festzustellen.

Nach unserem Verständnis gilt: Nicht jede Gruppe ist ein Team, aber jedes Team ist auch eine Gruppe. Teams sind ein besonderer Typ von Gruppe: Ein Team ist eine Gruppe, in der die Beteiligten zusammenarbeiten müssen, um die gemeinsame Aufgabe zu bewältigen, ein Produkt zu erstellen oder eine Dienstleistung zu erbringen. Teams sind in aller Regel wegen ihrer Zweckgerichtetheit Teil einer Organisation, wobei in sehr kleinen Strukturen das Team auch die ganze Organisation sein kann.

Zugleich gilt aber auch, dass nicht alle Personen, die miteinander arbeiten oder in einem Organigramm zusammengefasst sind, deswegen schon ein Team bilden. Vielmehr müssen weitere Voraussetzungen erfüllt sein:

- Arbeitsteilige Erstellung einer gemeinsamen Leistung bzw. eines gemeinsamen Produkts; es besteht insofern gegenseitige Abhängigkeit unter den Beteiligten, ihr Zusammenwirken ist regelungs- und kommunikationsbedürftig, und es finden Auseinandersetzungen über „richtig" und „falsch" statt.
- Gestaltungsspielräume für das „Wie" der Aufgabenlösung bestehen; in der Nutzung dieser Spielräume zeigen

sich die Qualität der Zusammenarbeit und die Reflexions- und Lernfähigkeit des Teams.

- Alle Mitglieder kennen sich und haben eine Beziehung zueinander (Face-to-Face-Gruppe); die gegenseitige Wertschätzung kann stark variieren, aber es gibt keine Anonymität. Jeder weiß, wer dazugehört – und wenn alle beisammen sind, passen sie um einen (großen) Tisch und können direkt miteinander reden.

Nur unter den genannten Voraussetzungen entsteht das spezifische soziale System eines Teams.[2]

1.2 Sieben Merkmale eines Teams

Um das Team als soziales System untersuchen zu können, braucht man ein erkenntnisleitendes Modell. Unser Blick auf das Team ist gekennzeichnet von den folgenden sieben Annahmen. Darauf bauen unsere Fragen und Themen auf, die wir in Interviews mit den Teams (vgl. Kapitel 3) bearbeitet haben.

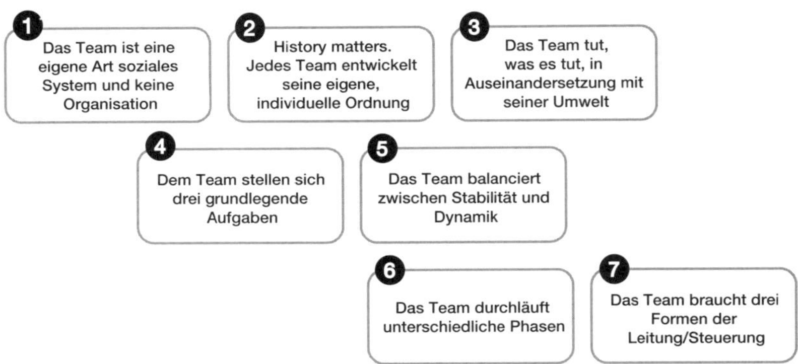

[2] Edding/Schattenhofer, 2015, S. 20.

1. Das Team ist eine eigene Art soziales System und keine Organisation

Dieser Aspekt findet in Forschung und Theorie zu Organisationen bislang wenig Beachtung. Das gilt für systemtheoretische Ansätze ebenso wie für die Literatur zu New Work und selbstorganisierter Arbeit.

Das weitgehend autonome, von den unmittelbar Beteiligten selbst gesteuerte Team bildet einen zentralen Bestandteil von Organisationen, die sich unter dem Begriff Selbstorganisation oder New Work flexibler, anpassungsfähiger und reaktionsbereiter aufstellen wollen. Selbstorganisation findet in diesen Ansätzen in erster Linie auf der Teamebene statt. Ein Team soll möglichst umfassend selbst bestimmen können, was es bis wann und mit welchen Ressourcen tut. Dabei kann es von anderen Organisationseinheiten unterstützt und beraten werden, diese dürfen ihnen die Entscheidungsbefugnis aber nicht streitig machen. Insoweit sind sich die meisten Autor:innen von Publikationen zur Selbstorganisation einig.[3] Umso überraschender ist, wie wenig Aufmerksamkeit das Team in den einschlägigen Veröffentlichungen findet. Ein gemeinsames Verständnis, was man unter Team und Teamarbeit versteht, sucht man vergeblich. Viele definieren das gar nicht und verwenden die Begriffe „Organisation, Unternehmen und Team weitgehend austauschbar"[4]. Doch ein Team ist nicht die gleiche Art von sozialem System wie eine Organisation.

Das Team als Sozialsystem stellt auch eine Lücke in der organisationswissenschaftlichen Forschung dar. Niklas Luhmann hat in seiner Theorie sozialer Systeme die Systemtypen Interaktion – Organisation – Gesellschaft[5] unterschieden und damit der Gruppe keinen eigenen Platz eingeräumt, und das scheint sich bis heute auszuwirken. In der Luhmannschen Tradition handelt es sich bei Teams um formale Subeinheiten von Organisationen, die somit die gleichen Strukturmerkmale aufweisen wie Organisationen.

[3] Laloux, 2015; Pircher, 2018; Breidenbach/Rollow, 2019; Summerer/Maisberger, 2018.
[4] Breidenbach/Rollow, 2019, S. 9.
[5] Luhmann, 1984, S. 16.

Eine Unterscheidung zwischen Team und Organisation erscheint dieser Theorietradition nicht notwendig.[6] In Lehrbüchern der Organisationswissenschaften kommt das Team kaum vor. Auch im systemischen Organisationsverständnis spielt es eine untergeordnete Rolle. Dass die Gruppe und das Team als Systemtyp nicht hinreichend Beachtung findet, zeigt sich auch darin, dass in der einschlägigen Literatur zu Agilität und New Work fast kein Bezug auf die doch recht umfangreiche Forschung zur Teamarbeit genommen wird.

Andererseits bestehen bereits Initiativen, diese Lücke mit einer Wiederbelebung der soziologischen Gruppenforschung zu füllen.[7] Auch liegen Untersuchungen vor, die den Unterschied zwischen Team und Organisation ausdrücklich thematisieren[8] oder den Unterschied zwischen Teamlogik und Organisationslogik explizit herausarbeiten: „Während Gruppen (und damit auch Teams) durch einen Fokus auf Personen, deren Bindung und Vertrauen zueinander sowie von direkter Kommunikation geprägt sind, ist das Ordnungsprinzip der Organisation die Hierarchie, die Funktionsspezialisierung, die Arbeitsteilung und die unpersönlich-abstrakte, ungleiche und indirekte Kommunikation“[9].

Ein Team regelt die Zusammenarbeit (auch) persönlich über die Beziehungen unter den Beteiligten, eine Organisation versucht über die Ausrichtung auf die Funktionen der Beteiligten von den Beziehungen abzusehen und die Personen ersetzbar zu machen. Wer Teamarbeit in Organisationen auf Autonomie basierend gestalten will, muss den Widerspruch zwischen den beiden Logiken im Auge behalten.

6 Kühl, 2021.
7 Kühl, 2021.
8 Schweinschwaller/Zepke, 2021.
9 Csar, 2020, S. 394.

2. Jedes Team entwickelt seine eigene, individuelle Ordnung – History matters

Im Sinne der Systemtheorie gehen wir davon aus, dass ein Team keine Maschine ist, die von ihrer Umwelt vollkommen bestimmt wird, sodass sie nur die erwartbaren und mit dem Bauplan beabsichtigten Reaktionen zeigt. Ein Team und seine Entwicklung kann man besser verstehen, wenn man es als sich selbst organisierendes soziales System ansieht, das innerhalb der gegebenen Rahmenbedingungen und im Laufe der Zusammenarbeit eine eigene Ordnung ausbildet. Die Wege, die einmal eingeschlagen wurden, bewusst oder unbewusst oder zufällig, werden weiter begangen. Die Geschichte eines Teams beeinflusst immer seine Gegenwart. So richten sich die Teammitglieder z.B. nicht nur an den aufgeschriebenen und vereinbarten Regeln aus, sondern auch an vielen ungeschriebenen, im Laufe der Zusammenarbeit entstandenen Normen:

Bring zum Geburtstag einen Kuchen mit!
Kritisiere niemanden, wenn er zu spät kommt!
Berichte nicht nach außen, wenn im Team etwas nicht stimmt!
Orientiere dich an denen, die schon länger dabei sind!

Die Ordnung entsteht durch den Prozess der Zusammenarbeit zwischen den Teammitgliedern und der Außenwelt und sie entspricht nur teilweise der Ordnung, die die Beteiligten geplant haben, sie können dieser sogar widersprechen.

Ein Team als sich selbst organisierende Einheit zu verstehen, heißt, es als soziales System unter dem Blickwinkel der Autonomie, der Eigengesetzlichkeit zu betrachten. Das beinhaltet auch, dass jedes Team im Laufe der Zeit eine eigene, gleichsam individuelle Ordnung ausbildet. Diese Ordnung wirkt auf die Beteiligten zurück und bestimmt zu einem guten Teil ihr Verhalten, ihre Wahrnehmungen und ihre Gefühle. Für Außenstehende ist die Ordnung nicht immer einfach zu verstehen, aber auch für die Mitglieder werden bestimmte Gepflogenheiten manchmal erst dann verständlich, wenn sie sich mit der Geschichte des Teams auseinandersetzen. Um zum Team zu gehören, sollte man die Ordnung kennen und sich zumindest teilweise daran halten. Teams sind nicht automatisch ein Hort großer Freiheit und Selbstbestimmung, sie erfordern auch Anpassung und Unterordnung.

3. Das Team tut, was es tut, in Auseinandersetzung mit seiner Umwelt

Ein Team als sich selbst organisierendes System entwickelt sich im Rahmen seiner Umwelten, die bestimmte Möglichkeiten eröffnen und zugleich begrenzen. Teamarbeit findet nicht im luftleeren Raum statt.

Um die Umwelteinflüsse differenziert beschreiben zu können, ist es sinnvoll, zwischen zwei Arten von Umwelten zu unterscheiden:

- Die **innere Umwelt** eines Teams wird geprägt durch die Personen, die an der Teamarbeit beteiligt sind. Diese unterscheiden sich nach Geschlecht, Alter, nationaler und ethnischer Zugehörigkeit, beruflichen Erfahrungen, sozialen Kompetenzen, Interessen u. a. m. Sie bringen ihre biografisch und von der Profession geprägten Denk- und Verhaltensmuster und individuelle Erfahrungen mit, die sie in früheren Gruppen und Teams gemacht haben. Diese Unterschiedlichkeit, aber natürlich auch alle Gemeinsamkeiten, kommen in einem Team zusammen und wirken. Jedes Mitglied beeinflusst die Teamarbeit auf seine spezielle Weise und wird wiederum vom Team beeinflusst.
- Die **äußere Umwelt** eines Teams, der Kontext, in dem es arbeitet, ist für diese Untersuchung von besonderer Bedeutung. Aus der unmittelbaren Umwelt stammen die Aufgaben, die dem Team gestellt sind, und die Ziele, die es erreichen soll. Zur äußeren Umwelt gehören alle Vorgaben, die einem Team in Bezug auf die Art der Zusammenarbeit gemacht werden: zur Arbeitsweise, zu den personellen und zeitlichen Ressourcen, den internen Rollen und Funktionen, zum Entscheidungsspielraum und zu Entscheidungsabläufen, zu Verpflichtungen gegenüber den Kund:innen etc.

Beide Umwelten bestimmen gleichsam den Korridor, in dem sich ein Team entwickelt und von dem es zugleich begrenzt wird. Die unterschiedlichen und teilweise widersprüchlichen Einflüsse aus beiden Umwelten führen in jedem Team zu einer spezifischen Ordnung, die aus dem Zusammenwirken der Personen bei der Erfüllung ihrer Aufgabe entsteht und die nur zum Teil der beabsichtigten und geplanten Ordnung entspricht.

4. Dem Team stellen sich drei grundlegende Aufgaben

Wir verstehen das Team in Organisationen als „hybrides" Sozialsystem, das zweierlei Logiken miteinander in Einklang bringen muss: die Logik der Aufgabe und des Auftrags und die Logik der persönlichen Erwartungen der Menschen, die in dem Team zusammenarbeiten. Daraus ergibt sich, dass sich ein Team (ebenso wie eine Gruppe) im allgemeinen drei grundlegenden Aufgaben gegenübersieht, die nicht selten zueinander im Widerspruch stehen. Das Team muss diese drei Aufgaben ausgleichend und ausreichend berücksichtigen:

- **1. Aufgabe: Auftrag, das Produkt, die Dienstleistung**
  Zum einen hat jedes Team eine Aufgabe zu erfüllen, es muss eine bestimmte Arbeit leisten, ein Produkt oder eine Dienstleistung erstellen. Dazu wurde es gegründet oder eingerichtet, die Aufgabe ist der Ausgangspunkt jedes Teamprozesses. Die Aufgabe, ebenso wie die zur Verfügung stehenden Werkzeuge/Methoden und Ressourcen sind Teil der äußeren Umwelt des Teams, mit der es in Austausch und Verbindung steht und der gegenüber das Team Grenzen ziehen muss.

- **2. Aufgabe: Erfüllung der Bedürfnisse und Erwartungen der Mitglieder**
  Ein Team sollte seinen Mitgliedern positive Erlebnisse ermöglichen und ihre Interessen und Bedürfnisse zumindest in gewissem Umfang befriedigen. Nur dann stellen sie ihr Engagement und ihre Arbeitsleistung zur Verfügung. Die individuellen Erwartungen können sich auf die Aufgabe (anspruchsvoll und innovativ) und auf die

Beziehungen und das soziale Gefüge (gleichberechtigt, Möglichkeit zur Einflussnahme, gehört und unterstützt werden) eines Teams beziehen. Als kleine soziale Systeme, die auf der direkten, Face-to-Face-Kommunikation gründen, entstehen den anderen Beteiligten gegenüber nicht nur rollen- und funktionsbezogene Erwartungen (wie in Organisationen), sondern auch Erwartungen an das Gegenüber als Person. Die einen wünschen sich eine persönliche, eher familiäre Atmosphäre, die anderen halten sich distanziert und wollen keine persönlichen Verpflichtungen eingehen. Dafür muss ein Team einen Ausgleich finden. Die persönlichen Erwartungen können jedenfalls nicht – z. B. mit dem Hinweis: Wir sind hier in der Arbeit – zurückgewiesen werden.

- **3. Aufgabe: Bildung, Erhalt und Entwicklung des Teams**
  Mit der Erfüllung der ersten beiden Aufgaben formiert sich das Team, und um die beiden Aufgaben erfüllen zu können, muss es seinen Bestand, seinen Zusammenhalt und seine Handlungsfähigkeit (als Team) erhalten und weiterentwickeln. Dazu gehört, passende und ausreichende Formen und Räume für die gemeinsamen Treffen, den Austausch, die Entscheidungen, Beteiligung etc. vorzuhalten. Dazu gehört auch der Raum, sich mit Krisen, Störungen und neuen Anforderungen auseinandersetzen zu können, sowie eine regelmäßige „Pflege" des Teams. Ohne ein einigermaßen intaktes Team gibt es keine Teamarbeit.

Die Erfüllung der drei grundlegenden Aufgaben steht in einem dynamischen Verhältnis zueinander. Phasenweise können einzelne Aufgaben im Vordergrund stehen. Wird eine Aufgabe aber dauerhaft vernachlässigt, so können auch die beiden anderen nicht mehr erfüllt werden.

> Keinesfalls sollte man Teams nur unter dem Blickwinkel ihrer Leistung oder der Qualität ihres Produktes betrachten. Auf Dauer ist das zu kurz gegriffen.

5. Das Team balanciert zwischen Stabilität und Dynamik, zwischen Kontinuität und Veränderung

Damit ein Team die drei grundlegenden Aufgaben bewältigen kann, braucht es Stabilität und Dynamik, Kontinuität und Veränderung. Das Stabilisierende sind die Normen und die Strukturen, die ein Team mit der Zeit hervorbringt, seine Routinen, Sitten und Gebräuche. So entstehen Kontinuität und Berechenbarkeit, das schafft Orientierung für die Teammitglieder und die äußere Umwelt. Zu den stabilisierenden Kräften gehören vor allem die Grenzen eines Teams, durch die bestimmt wird, wer dazugehört, wer nicht, welche Aufgaben, Themen und Verhaltensweisen eingeschlossen und welche ausgeschlossen sind. Sinnvoll ist, zwischen der formellen Ordnung – die Regeln der Zusammenarbeit, die Rollen und Funktionen, die vereinbart und festgelegt sind – und der informellen Ordnung eines Teams zu unterscheiden. Damit sind die Normen gemeint, die wirken, ohne dass sie vereinbart wurden, und die den formellen Regeln mehr oder weniger widersprechen können.

Das Dynamische entsteht durch Veränderungen in den beiden Umwelten und durch die Spannung, die aus den drei Grundaufgaben entsteht. Teams werden vor allem von den Anforderungen ihrer Aufgabe und den Erwartungen der Kund:innen in Bewegung gehalten. Sie müssen sich laufend anpassen und auf Neues einstellen (können). Manche der Spannungen von außen werden zwischen einzelnen Teammitgliedern ausgetragen, so z. B. der Konflikt, wie viel auf die eigenen Interessen und wie viel auf die Kundeninteressen zu achten ist. Solche Spannungen, die ein Team beweglich und lebendig erhalten, werden immer wieder neu geregelt, sie können aber nicht endgültig gelöst werden.

Die Ordnung eines Teams ist immer auch durch die Beziehung zwischen dem Stabilisierenden und dem Dynamischen gekennzeichnet. So kann es überregulierte Teams geben, denen eine Fülle von Normen und Vorschriften die Lebendigkeit nimmt, aber auch unterregulierte Teams, die ständig damit beschäftigt sind, alles immer neu auszuhandeln.

„Manche Teams haben eine kurze, andere eine lange ereignisreiche Geschichte, in jedem Fall ist diese Geschichte bedeutsam, sie hat die Beziehungen geprägt und die Kultur des Teams geformt. Sie hat das Team gelehrt, wie viel Spannung die Teammitglieder aushalten können, welche Art der Leitung für sie akzeptabel ist, wie man nach einem Streit am besten weiter kooperiert und vieles andere mehr. Wie die Geschichte einer Person ist die Teamgeschichte durch ein Auf und Ab, durch Krisen, Abbrüche, Einschnitte, Erfolge und Misserfolge oder auch durch Phasen des gleichmäßigen Voranschreitens und Weitermachens gekennzeichnet. Die Geschichte eines Teams ist ein prägendes Element der jetzt geltenden Ordnung.“[10]

Um Teams in ihrem augenblicklichen Zustand zu verstehen, ist es daher sinnvoll, sich ihre Geschichte und Lebenslinien vor allem mit den jeweils kritischen Ereignissen anzuschauen. So kann man die Wirksamkeit und den Sinn einzelner, der außenstehenden Beobachter:in unverständlich und dysfunktional erscheinender Regelungen und Handlungsweisen erkennen. Beispielsweise kann die strenge Regel „Niemand darf das Team ohne expliziten Auftrag nach außen vertreten“ auf einen Konflikt in der Vergangenheit zurückgehen, bei der sich jemand zulasten der anderen Teammitglieder in den Vordergrund gespielt hat.

6. Das Team durchläuft unterschiedliche Phasen

In vielen Veröffentlichungen zu Teams wird auf unterschiedliche Phasen eines Teamprozesses hingewiesen. Die meisten Autor:innen beziehen sich auf ein Modell, das ursprünglich von B.W. Tuckman im Jahr 1965 veröffentlicht wurde. Es unterscheidet die Phasen forming, storming, norming, performing, adjourning, die ein Team im Laufe der eigenen Entwicklung durchläuft. Dieses Modell wurde aus der vergleichenden Untersuchung von Selbsterfahrungs- und Therapiegruppen gewonnen und dann auf Gruppen aller Art übertragen.

[10] Edding/Schattenhofer, 2015, S. 14.

Zugleich wurde das Modell (z. B. in der Praxis von Teamentwicklungsmaßnahmen und den entsprechenden Veröffentlichungen[11] nicht mehr nur zur Beschreibung verschiedener Zustände einer Gruppe genutzt, sondern es verwandelt sich in eine Art Maßstab der Gruppenentwicklung: Um arbeitsfähig zu werden, so die Behauptung, müsse ein Team diese Phasen durchlaufen.[12]

Die Annahme, dass so komplexe soziale Systeme wie Teams sich nach festen Phasen entwickeln, ist unrealistisch und wurde auch empirisch nicht belegt. Viele Teams arbeiten gut und effektiv zusammen, ohne bei sich eine Stormingphase festgestellt zu haben. Andere Teams erlebten nach heftigen Konflikten und mühsamer Klärung keine florierende Produktivität, sondern Erschöpfung und Langeweile.

Trotzdem bieten Modelle eine gute Orientierung, um zu verstehen, was in einem Team gerade los ist, in welchem Zustand es sich befindet. Für die Beteiligten ist es möglicherweise gut zu wissen: Konflikte gibt es in vielen Teams, wir sind nicht allein. Es scheint irgendwie dazuzugehören und lösbar zu sein.

Für Teams, die wesentlich mehr als Selbsterfahrungsgruppen von ihrer äußeren Umwelt bestimmt sind, halten wir ein Modell, das drei Phasen von Teamarbeit unterscheidet, für besser geeignet:

Drei Phasen von Teamarbeit

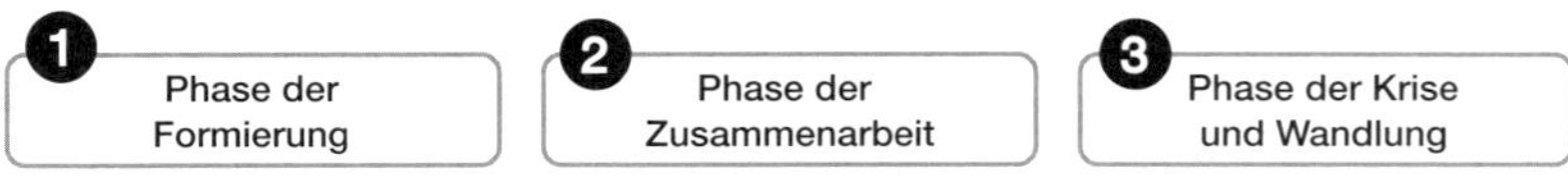

- **Die Phase der Formierung**
  Jedes Team muss von vorn anfangen und im Zusammenspiel der Bedingungen, die der Kontext, die äußere Umwelt setzt, zu einer Ordnung finden. Diese Phase lässt sich in keinem Team überspringen. Der Anfang eines

[11] Z. B. Stahl, 2012.
[12] Zur Diskussion verschiedener Phasenmodelle siehe Antons et al., 2019, S. 352 ff.

Teams ist von vielen Möglichkeiten geprägt. Neben Offenheit und Neugierde auf das, was kommen wird, prägen auch Unsicherheit und Verunsicherung diese Startphase. Niemand weiß und kann vorhersagen, wie man in diesem neuen Team mit den anderen Teammitgliedern und der Aufgabe zurechtkommen wird. Die Unsicherheit wird häufig überspielt, indem man so tut, als wäre man schon ein Team. Es wird geplant und entschieden, aber die Pläne und Entscheidungen werden nicht umgesetzt. Man einigt sich schnell auf ein Ziel oder ein Vorgehen, doch eine gemeinsame Vorstellung, was gemeint ist, fehlt. In dieser Phase dient das Pläneschmieden der eigenen Entwicklung als Team und weniger den Plänen selbst.
Diese ersten kooperativen Erfahrungen, die die Teammitglieder miteinander machen, zeigen, welche Regeln und Normen gelten, und ermöglichen es dem Team, realistische Pläne zu machen. Diese Phase kann drei bis sechs Monate dauern. Für die Arbeitsfähigkeit ist es wichtig, dass in dieser Phase die einzelnen Teammitglieder in ihrer Unterschiedlichkeit sichtbar werden und sich untereinander kennenlernen können. Auseinandersetzung und Reibung sind in dieser Phase üblich und durchaus hilfreich. Auseinandersetzungen fordern die ersten Regeln und Normen heraus und verhindern, dass sich die Mitglieder zu schnell festlegen. Reibungen in der Anfangsphase können sehr stärkend sein. Zum einen sind die daraus entstehenden Ordnungen oftmals funktional, zum anderen hat das Team die Erfahrung gemacht, dass Auseinandersetzungen möglich sind, und kann darauf zurückgreifen.

- **Die Phase der Zusammenarbeit und des Zusammenschlusses**
  Diese Phase zeichnet sich dadurch aus, dass die entstandene Ordnung nicht mehr infrage gestellt wird. Eine meist harmonische Arbeitsfähigkeit prägt diese Phase. Gemeinsamkeiten werden betont, Konflikte werden vermieden und unterschiedliche Meinungen, die den Frieden stören könnten, werden ausgeklammert. Es ist eine Stabilität entstanden, die man nicht leichtfertig aufgibt. Die Einzelnen haben ihren Platz im Team gefunden, sich in die interne Hierarchie eingeordnet, und alle wissen,

wer mehr und wer weniger zu sagen hat. Man kann die eigene Rolle und die der Teammitglieder einschätzen und weiß, wer die formellen und informellen Leiter:innen sind und wer mit wem gut und weniger gut zurechtkommt.
Die Zusammenarbeit funktioniert gut, die Erfolge stellen sich ein. Die Teammitglieder haben allen Grund, stolz zu sein. Die Identifikation mit dem Team ist hoch, häufig wird das Team idealisiert. Veränderungen in den Umwelten, neue Aufgaben von außen oder neue Bedürfnisse von Mitgliedern könnten diese Ruhe stören und werden darum leicht ausgeblendet. Es besteht die Gefahr, Routinen, Normen, Abläufe auch dann beizubehalten, wenn sie nicht mehr zweckmäßig sind.
So schützt das Team sich, seine Mitglieder und die einst mühsam entwickelte Identität. Die Phase der Zusammenarbeit und des Zusammenschlusses kann lange anhalten – wenn das Team erfolgreich ist unter Umständen über Jahre.

- **Die Phase der Krise und Wandlung**
  Die Auslöser für Krisen im Team liegen in den Umwelten oder in Veränderungen seitens der Mitglieder: neue Anforderungen, neue Erwartungen der Mitglieder, Unzufriedenheit bei den Kund:innen/Klient:innen. Diese Veränderungen können dazu führen, dass die Ziele auf dem bisherigen Weg nicht mehr erreicht werden können. Alle Teams, die wir im Rahmen unserer Studie befragt haben, konnten über Tiefpunkte und Krisen berichten, die sie gemeistert haben. Nach einer Studie von Conny J.G. Gersick (1988) überprüfen Projektgruppen nach der Hälfte ihrer Arbeitszeit ihre Vorgehensweise, die sie seit dem Anfang konstant beibehalten haben. Jetzt wird die bestehende Ordnung infrage gestellt, Konflikte kommen an die Oberfläche, und zwar nicht nur die aktuellen, sondern auch die, die in der Phase zwei zurückgehalten wurden. Vieles erscheint jetzt in einem neuen Licht und wird neu bewertet. Es ist ein spannungsreicher Zustand, in dem die Unterschiede betont werden.
  Im Idealfall passt sich das Team an die neuen Bedingungen an, verwandelt sich und findet ein neues Gleichgewicht. Erfolgreich bewältigte Krisen werden von den Beteiligten als eine bestandene Bewährungsprobe und

Entwicklungschance beschrieben, die zu einer realistischeren Einschätzung der eigenen Möglichkeiten führt. Krisen geben Anlass für Wachstum und Veränderungen, wenn man sie reflektiert und gemeinsame Schlüsse daraus zieht.[13]

7. Das Team braucht drei Formen der Leitung/ Steuerung

Jetzt verlassen wir die Ebene dessen, was in einem Team geschieht oder getan wird, um die gemeinsame Aufgabe zu erfüllen, auf die Mitglieder einzugehen und Zusammenhalt zu schaffen, und gehen zu der Frage über, wie dieses Geschehen gesteuert wird. Unter Steuerung verstehen wir dabei den bewussten und absichtsvollen Versuch, auf die entstehende und bestehende Ordnung des Teams Einfluss zu nehmen.

Idealtypisch lassen sich drei Ausrichtungen der Steuerung von Teams unterscheiden. Idealtypisch deshalb, weil diese drei Ausrichtungen in der Praxis gleichzeitig und verwoben auftreten. Sie sind nur analytisch zu trennen.

1. Steuerung des Kontextes

Die Kontextsteuerung bezeichnet die bewusste Gestaltung der äußeren Teamumwelt durch die Verantwortlichen in der umgebenden Organisation. Dieser kommt im Rahmen unserer Fragestellung besondere Bedeutung zu, denn damit wird weitgehend definiert, welchen Freiraum ein Team hat, um sich selbst zu steuern. Hier werden Rechte und Pflichten festgeschrieben, die Aufgaben definiert und über die verfügbaren Ressourcen entschieden. Diese Rahmenbedingungen bestimmen den Korridor, in dem sich ein Team entfalten kann. Der Kontext kann einem Team auch Steine in den Weg der Zusammenarbeit legen: Wenn die Anforderungen zu hoch und die Ressourcen zu knapp sind, wenn Arbeitsverträge und Vergütungssystem eher die Konkurrenz als die Kooperation unter den Teammitgliedern befeuern, dann werden diese ihr

[13] Edding/Schattenhofer, 2015, S. 41–43; Arrow et al., 2000, S. 213.

persönliches Engagement für das Team in Grenzen halten und ihre sozialen Kompetenzen nicht zur Verfügung stellen oder sich nicht (mehr) gegenseitig unterstützen. Dauerhaft überforderte Teams sind vom Zerfall bedroht.[14]

2. Steuerung des Teams (Führung)

Die zweite Ausrichtung der Steuerung betrifft die *Führung des Teams*. Teams aller Art, auch die selbstorganisierten, brauchen Leitung. Vielleicht brauchen die für unsere Studie interviewten Teams keine formal definierte Führungskraft, aber sie sind darauf angewiesen, dass Leitungstätigkeiten ausgeführt werden – von wem auch immer. Das bedeutet, dass die Teammitglieder zwei Rollen ausfüllen müssen: eine mitgliedschaftliche und eine leitende Rolle. Diese können beispielhaft wie folgt beschrieben und abgegrenzt werden:

> *Wenn sich bei der Teambesprechung Paul zu Wort meldet und somit dafür sorgt, dass er seinen Beitrag einbringen kann, dann handelt er in seiner Rolle als Mitglied. Von ihm wird erwartet, dass er sich meldet, wenn er etwas zu sagen hat.*
> *Wenn Paul in der gleichen Besprechung dafür sorgt, dass sich alle am Gespräch beteiligen, indem er Schweigende anspricht und Vielredner:innen einbremst, dann übernimmt er explizit (als benannter Leiter der Besprechung) oder implizit (weil er es ohne Auftrag tut) leitende Funktionen in der Gruppe. Mit seiner ersten Aktion sorgt er für sich, mit der zweiten für das ganze Team.*

Damit gibt es einen Anhaltspunkt, wie man Mitgliedshandeln und Leitungshandeln unterscheiden kann, auch wenn beides oft ineinander übergeht. Zur Rolle als Mitglied gehört es, für sich und die eigenen Bedürfnisse zu sorgen, die eigenen Ansichten zu vertreten. Leitung handelt in Bezug auf die Gruppe, nimmt eine Funktion für die Gesamtheit ein, tut etwas im Interesse und zum Nutzen der Gruppe. Beide Formen der Einflussnahme als Mitglied und als Leiter:in überschneiden sich oft nicht nur personell, sondern

[14] Moldaschl, 2005.

auch inhaltlich. Die Unterscheidung ist wesentlich, weil die Vermischung der Bedarfe des Teams mit den Interessen der Einzelnen oft zu Konflikten führt.

Leitende Aufgaben, die für das ganze Team sorgen, gibt es viele. Dabei ist es sinnvoll, sich noch einmal die drei Grundaufgaben eines Teams vor Augen zu führen:

- die Erfüllung der Aufgabe,
- die Befriedigung der Interessen der Mitglieder und
- den Erhalt und die Entwicklung des Teams.

Leitung kann und sollte sich auf alle drei Aufgaben beziehen und den Ausgleich zwischen den unterschiedlichen Erfordernissen im Blick haben. Für alle drei Bereiche gilt es, die Situation zu bewerten, Konsequenzen und Pläne abzuleiten, Entscheidungen herbeizuführen, in die Tat umzusetzen und die Ergebnisse zu bewerten. Dann beginnt der Kreislauf von Neuem.

> Bei all diesen Aktionen müssen die Tätigkeiten der einzelnen Mitglieder koordiniert und aufeinander abgestimmt werden. Vieles passiert automatisch; in Teams bis zu fünf oder sechs Mitgliedern braucht es in der Regel keine formalen Leitungsrollen. Wichtig ist, dass die notwendigen Funktionen ausgefüllt werden.

Leitung wird – zunehmend in der New-Work-Welt – von den Leitungspersonen weg an Regelsysteme wie SCRUM übergeben (s. das Ende dieses Kapitels). Mit diesen wird die Zusammenarbeit koordiniert, indem dort Abläufe geregelt und Rollen definiert werden. Man muss nicht mehr der Leitung folgen, sondern die Regeln befolgen. Wenn nicht, dann gibt es ein Verfahren oder eine Rolle, die für die Einhaltung der Regeln sorgt.

Ob Personen oder Regeln, Leitung braucht, um wirksam zu sein, Macht und/oder Legitimation. Macht braucht sie, um die Interessen der Gruppe auch einmal gegen die Interessen der Mitglieder und der umgebenden Organisation durchsetzen zu können. Legitimation und Glaubwürdigkeit braucht sie, damit die Macht nicht zur Durchsetzung eigener oder fremder Interessen im Team missbraucht wird.

3. Selbststeuerung

Eine dritte Ausrichtung der Steuerung bezeichnen wir als *Selbststeuerung*. Selbststeuerung ist der Prozess, der es einem Team ermöglicht, seine Arbeit und Zusammenarbeit zu reflektieren, daraus zu lernen und es so weiterentwickeln zu können.

Selbststeuerung in einem Team ist ein voraussetzungsvoller Vorgang. Neben der individuellen Reflexion, die zur individuellen Selbststeuerung notwendig ist, setzt die Selbststeuerung im Team einen gemeinsamen sozialen Prozess der Reflexion voraus. Die Situation im Team, die gemeinsame Arbeitsleistung, die Art der Führung und Zusammenarbeit wird gemeinsam untersucht und besprochen, und aus dem Erkannten und Besprochenen werden Schlüsse für das weitere Vorgehen gezogen werden. Nur so kann aus den gemachten Erfahrungen gelernt werden.[15]

Das folgende Modell kann dazu dienen, sich eine praktische Vorstellung von Selbststeuerung zu machen.

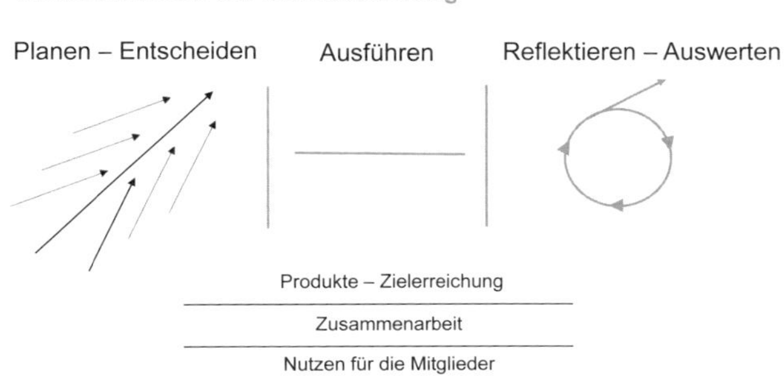

In diesem Schleifenmodell werden idealtypisch drei Phasen unterschieden, die regelmäßig ausgeführt werden müssen, damit man aus den eigenen Erfahrungen klug werden kann. Jede der Phasen erfordert spezielle Herangehensweisen und Methoden sowie spezielle Leitungsfunktionen. Wichtig ist, das als sozialen Prozess im Team zu verstehen, der gemeinsam diskursiv gestaltet werden muss. Dabei sollen sich

[15] Über den Zusammenhang von Reflexion und Selbststeuerung siehe ausführlicher Schattenhofer, 2015.

Planen, Ausführen und Reflexion auf alle drei grundlegenden Teamaufgaben beziehen, also neben der Produktebene auch die Bedürfnisse der Mitglieder und den Zusammenhalt des Teams betrachten.

Mit diesem Schleifenmodell kann man einerseits Teams auf ihre Selbststeuerungspraxis hin untersuchen: Werden die einzelnen Phasen durchlaufen, in welchen Formen und in welcher Regelmäßigkeit? Wie wird geplant, wie wird das Umgesetzte reflektiert? Wer nur plant und nichts umsetzt, macht keine Erfahrungen, wer nur umsetzt, ohne zu reflektieren, macht immer das Gleiche, wer nur reflektiert, aber keine Konsequenzen daraus zieht, lernt auch nichts. Wer neben der Aufgabenebene die Planung und Reflexion der Zusammenarbeit und der Interessen der Mitglieder außer Acht lässt, der wird möglicherweise schließlich schlechten Ergebnissen gegenüberstehen.

Man kann das Modell auch normativ verwenden, als Blaupause für die Gestaltung von Selbststeuerung. Für die einzelnen Phasen müssen die entsprechenden Formen und Zeiten eingerichtet werden.

Steuerung wohin – der Wert des eigenen Konzeptes von Teamarbeit

Jede Form von Leitung und Steuerung ist mit Zielen verbunden, es soll ja (irgend-)wohin geleitet werden, sonst gäbe es gar keinen Grund dafür, aktiv zu werden. Und hier schließt sich der Kreis. Die jeweiligen Ziele, die man mit der Steuerung und Leitung eines Teams verfolgt, hängen damit zusammen, welches Konzept von Team und Teamarbeit die jeweiligen Akteure haben. Sehen sie das Team nur als Instrument zur Erfüllung der Aufgabe, dann fallen die Bedürfnisse der Einzelnen und der Teamzusammenhalt unter den Tisch. Sehen sie nur die Personen im Team, aber nicht die Wirkung der Rahmenbedingungen, des Kontextes auf die Personen, dann werden sie bei Problemen feststellen, dass die Chemie zwischen den Personen nicht stimmt, und die Leute nicht zusammenpassen. Sie übersehen dann aber, dass es sich möglicherweise um keinen persönlichen Konflikt handelt, sondern dass Einzelne im Team stellvertretend für andere außerhalb des Teams Konflikte austragen.

Leitung ist also an Vorstellungen von Teamarbeit gebunden, diese können komplexer oder einfacher sein. Das hier dargestellte Schleifenmodell der Selbststeuerung führt uns zu den Fragen, die wir für die Untersuchung und Steuerung von Teams für zentral halten. Natürlich ist es aber auch, wie alle Modelle, mit blinden Flecken und Vereinfachungen behaftet.

1.3 Exkurs: Selbstorganisation und Selbststeuerung – zum Gebrauch der Begriffe

Wir haben unter dem zweiten Bestimmungsstück unseres Modells Teams als sich selbst organisierende Systeme beschrieben, die nicht von ihren Umwelten determiniert sind. Man muss bei dieser Art von Sozialsystem mit Überraschungen rechnen. Den Begriff Selbstorganisation verwenden wir hier im systemtheoretischen Sinne, um den Prozess der Ordnungsbildung und des Unabhängigwerdens von den Umwelten zu beschreiben. Dieser Prozess geschieht, er kennzeichnet das System, ohne dass jemand ihn geplant hätte. Unter dem Blickwinkel der Selbstorganisation werden somit Systeme unterschiedlichster Art nicht in Bezug auf ihre Abhängigkeit und Bestimmtheit von ihren Umwelten betrachtet, sondern in Bezug auf ihre Eigengesetzlichkeit. Ein solches System reagiert auf Veränderungen in der Umwelt nach der eigenen Art des Operierens, der eigenen Ordnung entsprechend. Es kann von außen „verstört" werden, aber ob und wie es auf die Verstörung reagiert, bestimmt nicht der „Verstörer", sondern das System selbst.

Mit diesem Verständnis von sich selbst organisierenden Systemen gibt man die Vorstellung von ihrer Beherrschbarkeit auf und nimmt eine bescheidenere Haltung ein, was ihre Steuerbarkeit anbetrifft.

Mit der Gestaltung des Kontextes, durch Leitungsinterventionen und Selbststeuerung kann man versuchen, Einfluss zu nehmen, muss aber davon ausgehen, dass jeder Einfluss zu Folgen führt, die man nicht beabsichtigt hat. Man kann das auch als unintendierte Selbstorganisation bezeichnet.[16]

[16] Z.B. Zepke 2021, S.38.

In der aktuellen Diskussion – auch von unseren Interviewpartner:innen – wird der Begriff „Selbstorganisation" in einer anderen Weise verwendet, nämlich als Gegensatz zur Fremdorganisation. Die Beteiligten, die Basis, die Betroffenen können und sollen ihre Belange selbst gestalten und entscheiden. Dies soll nicht (mehr) von außen und hierarchisch übergeordneten Instanzen für sie übernommen werden. Selbstorganisation heißt in diesem Sinne „selber organisieren". Für diese letztere Bedeutung im Sinne einer „intendierten Selbstorganisation" ziehen wir den Begriff der Selbststeuerung vor: Ein Team steuert sich selbst, wenn die Beteiligten in wechselseitiger Absprache gemeinsam und absichtsvoll ihren Arbeitsprozess gestalten.

Die Unterscheidung erscheint uns sinnvoll, weil sie nicht die Illusion verbreitet, die Selbstorganisation könnte beliebig selbstorganisiert werden, ohne dass sie die Eigengesetzlichkeit der Systeme berücksichtigen müsste. Nur weil man es selbst macht, ist ein autonomiefähiges System nicht kontrollierbarer geworden (siehe den Abschnitt „Selbstorganisation als politisches Programm: Selbst- statt Fremdbestimmung" auf Seite 26). Da die in unserer Studie befragten Teams und Führungskräfte den Begriff Selbstorganisation im Sinne der oben beschriebenen Selbststeuerung verwenden und nicht im systemtheoretischen Sinne, haben wir uns im weiteren Text diesem Sprachgebrauch angepasst und verwenden Selbststeuerung und Selbstorganisation als synonyme Begriffe mit der Bedeutung von Sich-selbst-Organisieren.

1.4 Teams in Organisationen – ein kurzer Rückblick

Teamarbeit ist seit Langem eine der zentralen Ideen, die (Zusammen-)Arbeit in Organisationen und Unternehmungen zu organisieren. Sie ist keine Erfindung der Ansätze der Selbstorganisation. In den letzten hundert Jahren tauchte diese Idee in einzelnen Wellen immer wieder auf, um die Arbeit einerseits humaner und menschengemäßer zu gestalten und sie andererseits effektiver und effizienter zu machen. Ein Team von Menschen, die gemeinsam an einer Aufgabe arbeiten, die sich dabei unterstützen, ihre unterschiedlichen Qualifikationen einzubringen, und sich abstimmen, um ein gemeinsames Ziel zu erreichen, dieses Bild versprach und verspricht zwei eigentlich gegensätzliche Anforderungen auf wunderbare – oft geheimnisvolle – Weise miteinander zu vereinen: die Bedürfnisse der einzelnen Personen nach Zugehörigkeit, nach Einfluss und persönlichen Beziehungen zu befriedigen **und** die Zielsetzungen der Organisation in Bezug auf die Ergebnisse der Arbeit zu erreichen.

Unserer Meinung nach lohnt es sich, auf diese verschiedenen Team-Bewegungen zu schauen, um Vergleiche zu der heutigen Situation anstellen und aus den schon gemachten Erfahrungen lernen zu können. Das setzt allerdings voraus, dass man die Kränkung verarbeitet, nicht an der Spitze einer völlig neuen, unvergleichlichen Bewegung zu stehen.

Die Entdeckung des Teams – seine Wirkung auf die Arbeitsleistung und das Arbeitsverhalten

In den 20er- und 30er-Jahren des letzten Jahrhunderts führte eine Gruppe von Wissenschaftlern um den Soziologen Elton Mayo Befragungen und Experimente zu den Arbeitsbedingungen in den Hawthorne-Werken der Western Electric Company durch. Man wollte den Einfluss von Produktionsbedingungen wie Beleuchtung und Pausenzeiten erforschen, fand aber zur eigenen Überraschung heraus, dass sich nicht nur die materiellen Bedingungen auf die Leistung auswirkten, sondern dass die Gruppe derer, die in einem Raum produzierten, großen Einfluss auf die Leistung der Einzelnen hat. Allein die Tatsache, den Arbeiter:innen mit Interesse zu begegnen, führte zu deutlichen Leistungssteigerungen.[17] Eine folgenreiche Entdeckung: Die Systemebene der informellen Gruppe wurde als soziales Faktum sichtbar und gleichsam wissenschaftlich nachweisbar. In der Folgezeit wurde die Wirkung der sozialen Beziehungen,

[17] Landsberger, 1957; Schonfeld/Chang, 2017.

die Wirkung des Teams und der kleinen Gruppe zum Gegenstand sozialwissenschaftlicher Forschung.[18]

Aus der psychologischen Forschung: Hawthorn-Effekt

Der Hawthorn-Effekt geht zurück auf die umfassenden Beobachtungsstudien zu Arbeitsverhalten, Arbeitsleistung und Arbeitsqualität, die 1924 bis 1932 von Fritz Roehtlisberger und seinem Team in den Hawthorn-Werken in der Nähe von Chicago durchgeführt wurden. Hier zeigte sich – unabhängig von allen Forschungsfragen –, dass Arbeiter:innen bereits auf die Tatsache reagierten, dass man sich für ihre Arbeit interessierte und ihr Verhalten im Rahmen einer Studie beobachtete. So verstehen wir heute unter Hawthorn-Effekt die Verhaltenstendenz, sein Verhalten bereits dann zu ändern, wenn man weiß, dass man im Rahmen einer Studie beobachtet wird. Das gilt natürlich auch für Studien zur neuen Arbeitswelt. Die aktuellen neuen Aufbrüche in der Arbeitswelt stehen im Scheinwerferlicht. Die zwei Organisationen, die unsere Anfrage zur Teilnahme an dieser Studie abgelehnt haben, taten es beide mit dem Argument, dass sie bereits an zahlreichen Studien teilnähmen. Die Mitarbeiter:innen sind sich der Tatsache, an etwas Neuem teilzuhaben, das beobachtet wird, bewusst. Es gibt gute Gründe anzunehmen, dass sich das insgesamt positiv auf die Arbeitsleistung, aber auch auf die Kreativität, die eigene Organisation zu entwickeln, auswirkt.

In der Betriebswirtschaftslehre öffnete die Entdeckung des Hawthorn-Effekts die Augen dafür, dass soziale Faktoren Einfluss auf Leistung und Arbeitsqualität haben. Damit war die Human-Relations-Forschung geboren.

Daraus entstand ein umfangreicher Zweig der Sozialpsychologie und der Soziologie, später auch in den Wirtschaftswissenschaften, der sich mit der Wirkung von Teams auf die Leistung und das Verhalten der Beteiligten beschäftigt.[19] Die Ergebnisse sind nicht einfach zusammenzufassen. Viele verschiedene Faktoren wurden untersucht und identifiziert, die sich auf die Leistung förderlich oder hinderlich auswirken. Insgesamt waren die Ergebnisse keinesfalls

[18] Luks, 2020, S. 50.
[19] Einen Überblick über die Kleingruppenforschung liefert Edding, 2015.

so eindeutig positiv, wie sie von denen erwartet wurden, die Teamarbeit als den Schlüssel für weitgehend selbstbestimmtes und produktives Zusammenarbeiten betrachtet haben. Teamarbeit eröffnet für die Einzelnen Freiräume und erleichtert es Organisationen, die Arbeitsabläufe von den unmittelbar Betroffenen gestalten zu lassen und somit flexibler auf sich verändernde Anforderungen reagieren zu können. Sie führt aber auch zu neuen Zwängen und Einschränkungen, die dem entgegenwirken. Die Forschung hat sich weit verzweigt.

Drei der beforschten Fragestellungen sind für unseren Gegenstand von besonderer Bedeutung:

1. Für welche Aufgaben eignen sich Teams?
2. Wie wirken sich Diversität und Heterogenität aus?
3. Welche Bedeutung hat das Nachdenken und Sprechen über die Gruppe (Reflexivität)?

Wichtige Antworten auf diese Fragen stellen wir im Abschnitt 1.5 dieses Kapitels dar.

Das Team als Mittel zur Humanisierung und Demokratisierung der Arbeitswelt

Erste Anfänge der Gruppenfabrikation finden sich schon nach dem Ersten Weltkrieg, z. B. in der Daimler-Motoren-Gesellschaft in Untertürkheim. Eine Gruppe von Arbeitenden hatte alle Werkzeuge und Materialien zur Verfügung, um bestimmte Motorenteile zu fertigen. Diese Arbeitsform stellte einen Kompromiss zwischen der Arbeit in einer Werkstatt und der Arbeit am Fließband dar. Damit konnte man nicht nur Probleme im Produktionsprozess lösen, z. B. das der ungünstig langen Transportwege in der Fließbandproduktion, sondern von Anfang an wurde sie auch mit sozialen Verbesserungen für die Arbeitenden begründet: Diese Produktionsweise sollte „die Arbeitslust anregen und das Verantwortungsgefühl des Arbeiters stärken."[20]

[20] Lang, 1922, S. 3f., zitiert nach Luks, 2020, S. 48.

Nach dem Zweiten Weltkrieg ist nach anfänglichen Widerständen das Interesse für Kleingruppen im Betrieb in Deutschland sehr schnell gewachsen. Beispiel dafür ist eine Studienreise – organisiert vom „Rationalisierungskuratorium der deutschen Wirtschaft“ – für Betriebsexperten mit dem Schwerpunkt auf dem Zusammenhang von Gruppenarbeit und Produktivität. Das in den USA praktizierte Teamwork erschien den Veranstalter:innen als der entscheidende Produktivitätsvorteil. Davon wollte man lernen.

Zugleich sprachen zwei weitere Motive für die Einführung von Gruppenarbeit: „Eine Umgestaltung betrieblicher Sozialbeziehungen im Sinne der kleinen Gruppe“ schien es zu ermöglichen, Spannungen zwischen den „Bedürfnissen des Menschen als sozialem Wesen und technisch bedingten hierarchischen Arbeitsformen zu überwinden“.[21] Die Arbeitswelt sollte nicht nur produktiver, sondern vor allem menschlicher werden. Die tayloristische Arbeitsorganisation, in der jeder Produktionsprozess in kleinste Schritte zerlegt wird und in der jede:r Arbeiter:in nur einen winzigen Teil zum Produkt beiträgt, den er aber möglichst gleichmäßig und maschinenförmig abliefern muss, soll durch gruppenorientierte Produktionsformen überwunden werden. In der Automobilproduktion montierten dann beispielsweise teilautonome Arbeitsgruppen an einem Produktionsstand ganze Motoren. Die Arbeitsabläufe konnten und sollten sie dabei möglichst selbst gestalten.

Die Erwartung einer Humanisierung verband sich mit der Hoffnung auf eine Demokratisierung der Arbeitswelt. Kurt Lewin, der Begründer der sozialpsychologischen Kleingruppenforschung und der gruppendynamischen Trainings, verstand diese auch als Demokratieerziehung und als „Gegengift“ gegen die totalitären und autoritären Verhältnisse während des Nationalsozialismus. Gruppen werden dann integrativ und produktiv, wenn sie von Menschen mit einem demokratischen, kooperativen und integrativen Führungsstil geführt werden, so die Ergebnisse der frühen experimentellen Führungsforschung der Gruppe um Kurt Lewin.[22]

[21] Luks, 2020, S. 54.
[22] https://www.youtube.com/watch?v=J7FYGn2NS8M (abgerufen am 3. Mai 2022), Marrow 1969, 2002.

Die Arbeit im Team stand und steht wohl noch immer in dem Ruf, den arbeitenden Menschen gerechter zu werden und sie weniger von ihren Bedürfnissen zu entfremden. Sie versprach und verspricht den Menschen mehr Gestaltungsmöglichkeiten und weniger ausgeliefert zu sein. In den 1970er- und 1980er-Jahren gab es viele praktische Versuche innerhalb großer Organisationen, vor allem mit (teil-) autonomen Arbeitsgruppen im Rahmen der industriellen Produktion.[23]

Diese ersten Versuche führten zu widersprüchlichen Ergebnissen. In einer Vielzahl von Fallstudien wurde von „vorwiegend positiven ökonomische Auswirkungen" berichtet. Methodisch anspruchsvollere Längsschnittuntersuchungen liefern dagegen uneinheitliche und zum Teil widersprüchliche Befunde. Es kam nicht in allen Studien zur Produktivitätssteigerung, „bisweilen erhöhten sich sogar Belastungs- und Beanspruchungswerte sowie Fehlzeiten und Fluktuationsindizes"[24]. Viele dieser ersten Projekte mit selbst regulierenden Gruppen wurden mit der Zeit wieder zurückgefahren, und die hierarchischen Verhältnisse mit den Vorgesetzten kehrten zurück. Man kann sagen, dass die beiden leitenden Vorstellungen, die einer hierarchisch von oben geführten Organisation und die einer von Mitgestaltung, Autonomie und Gleichberechtigung geprägten Teamarbeit, sich oft fremd bleiben und ebenso oft keine praktikablen Formen der Koexistenz gefunden wurden.

Selbstorganisation als politisches Programm: Selbst- statt Fremdbestimmung

Seit Beginn der 1970er-Jahre entwickelt sich die „Selbstorganisation" zum politischen Programm. Auf den verschiedensten Gebieten entstehen von den Beteiligten selbstorganisierte Gruppen: Selbsthilfegruppen im sozialen und gesundheitlichen Bereich, politische und kulturelle Initiativen, Bürgerinitiativen, Wohngemeinschaften, selbstverwaltete Betriebe und Projekte. Es verbindet sie der Anspruch,

[23] Einen Überblick liefert Antoni, 2004.
[24] Antoni, 2004, S. 51.

Lebensbereiche, die der eigenen Verfügbarkeit verlorengegangen bzw. entzogen sind, (wieder) selbst in die Hand zu nehmen.

In den 1980er-Jahren wurden ca. 40.000 Gruppen mit 400.000 bis 600.000 beteiligten Menschen geschätzt. Das Programm der Selbstbestimmung (Unabhängigkeit von Hierarchien, Autoritäten oder von einer Zentrale), der Solidarität (Handeln nicht nur für sich, sondern auch für andere), der Gleichberechtigung und Herrschaftsfreiheit sollte nicht nur in der Gesellschaft erreicht werden, es sollte auch das Innere der Gruppen, die eigene Zusammenarbeit und Organisation prägen. Man wollte es von vorneherein besser machen und ein Vorbild sein.

Allein mit dem Vorsatz des Selbstbestimmens und Selbermachens war es aber nicht getan. Auch in diesen Initiativen, die nicht von oben und außen bestimmt wurden und deren Strukturen von der Umwelt nicht bindend vorgegeben waren, mussten Entscheidungen getroffen, Regelungen für die Zusammenarbeit gefunden, zeitliche und sachliche Ressourcen erschlossen, Ziele formuliert und Schritte geplant werden, um sie zu erreichen. Sie mussten einen Lernprozess durchlaufen, um ihren Ansprüchen und den Anforderungen gerecht zu werden. Dabei waren sie den gleichen Notwendigkeiten und Zwängen unterworfen, die immer dann entstehen, wenn Menschen sich zusammentun, um gemeinsam ein Ziel zu erreichen. Aus diesen Lernprozessen, die teilweise sehr erfolgreich verliefen – man denke an dauerhaft bestehende Initiativen wie die Tageszeitung (taz) oder die Stunksitzung des Kölner Karnevals – lassen sich eine Menge Anhaltspunkte für unseren Gegenstand „Teams in der Selbstorganisation" ableiten.

Ende der 1980er-Jahre fand eine ausführliche Untersuchung selbstorganisierter Gruppen in Form von Gruppeninterviews statt.[25] Die Leitfragen waren (ähnlich unserer in diesem Buch vorgestellten Untersuchung): Was machen Gruppen, die sich selbst organisieren? Welche Lösungen für ihre Aufgaben finden sie und auf welche Begrenzungen und Probleme stoßen sie? Die Gruppen repräsentierten eine

[25] Schattenhofer, 1992.

breite Spanne verschiedener Formen der Initiativen: von der Selbsthilfegruppe für Eltern mit behinderten Kindern, einem „Dritte-Welt-Laden" bis zur selbstverwalteten Druckerei.

In dieser Studie zeigte sich:

- Gesteuert wird die Sachaufgabe: Die gemeinsame Sache bildet den Kristallisationspunkt für alle Aktionen und Reflexionen in diesen Teams. Darüber kann jederzeit gesprochen werden, das ist der thematische Kern dieser Gruppen, der die Beteiligten verbindet. Das Gemeinsame steht im Mittelpunkt.
- Fragen der Kooperation, der Beziehungen untereinander, vor allem wenn sie mit Kritik verbunden sind, werden ausgeklammert, soweit und solange das möglich ist. Die Gruppen funktionieren nach einer Art „Dampfkesselprinzip". Es muss sich schon sehr viel angestaut haben, damit Konflikte, die Fragen der Zusammenarbeit, der unterschiedlichen Herangehensweisen und Zielvorstellungen betreffen, angesprochen und ausgetragen werden. Die Angst, dass die Gruppe auseinanderfällt, wenn das rauskommt, hält den Dampf lange zurück. Erst mit der Erfahrung, solche Krisen bewältigt zu haben, steigt die Bereitschaft, auch strittige Fragen zu klären.
- Gegenseitige Bewertungen sind tabu: Niemand darf sich dazu das Recht herausnehmen. Das würde bedeuten, dass sich die einen über die anderen stellen und damit den Grundsatz der Gleichwertigkeit und Gleichberechtigung infrage stellen.
- In den meisten dieser Gruppen übernimmt ein besonders aktiver Kern Führungsaufgaben. Oft sind das die Gründer:innen mit den Beteiligten der „ersten Stunde", die sich in der Gründungsphase „zusammengerauft" haben. Wer später dazukommt, orientiert sich an ihnen. Diese Kern-Schale-Struktur macht die Gruppen handlungsfähig, ohne dass formale Führungsrollen definiert werden müssen. Es kann am Grundsatz der Gleichberechtigung festgehalten, und Fragen der unterschiedlichen Machtverteilung, der Führung etc. können vermieden werden. Das ist ein Schutz, aber auch ein großes Entwicklungshemmnis für die Gruppen.
- Die konkrete Zusammenarbeit, also die Gestaltung der Zusammenkünfte, die Verteilung von Aufgaben oder Regeln

für das Entscheiden, all das wird eher zu wenig als zu viel formalisiert: Viel hängt an der jeweiligen Initiative von Einzelnen, die ganz von selbst einspringen, wenn es notwendig ist. Auch die Grenzen zwischen den formellen Teilen der Zusammenarbeit und informellen Absprachen sind fließend, was einerseits schnelle Reaktionen ermöglicht, andererseits das Geschehen vor allem für die, die nicht zum Kern gehören, intransparent macht. Auf Krisen wird nicht mit Formalisierung, der Veränderung und Entwicklung der Regeln reagiert, sondern zunächst wird die Lösung in (noch) mehr Engagement der Einzelnen gesucht.

- Die Entwicklungskurve dieser Gruppen entspricht nicht den vielfach proklamierten gruppendynamischen Phasenmodellen mit *forming, storming, norming, performing, adjourning.* In „Lebenslinien" der untersuchten Gruppen fand sich ein Muster, das auch von vielen anderen Autoren vorgeschlagen wird, auch von uns (s. Kapitel 1.3):
  1. Die Phase der Formierung: Hier hat sich entschieden, ob die Gruppen zustande kommen, geeignete Leute wurden gesucht, in ersten Aktionen wurden die Ziele und die Vorgehensweisen konkretisiert.
  2. Die Phase der Zusammenarbeit und des Zusammenschlusses: Die Zusammenarbeit und die Arbeitsbeziehungen intensivierten sich, die ersten Erfolge stärkten das Gemeinschaftsgefühl. Es waren die Flitterwochen der Gruppe, die sehr lange – auch über Jahre – anhalten konnten.
  3. Die Phase der Krisen und Konflikte, Entzauberung und Neuanfang: Der Alltag, Rückschläge, aber auch nachlassendes Engagement und der Weggang von Kernmitgliedern lassen die Grenzen der Gruppe deutlich werden. Es kann nicht immer aufwärts gehen, der Erfolg wie der Zusammenhalt können nicht beliebig gesteigert werden. Die Krise stellt die Gruppe in ihrer bisherigen Form infrage; entweder sie löst sich auf oder es kommt zu einem Neuanfang, einer Metamorphose.

Die Gruppe als Rationalisierungsmittel

Ab den 1990er-Jahren kam es zu einer neuen Welle der Teamarbeit, allerdings mit einem ganz anderen Hintergrund. Die Produktivitätsvorsprünge der japanischen Industrie stellten vor allem die Automobilindustrie in den USA und in Europa vor die „japanische Herausforderung", auch Toyotismus genannt.[26] Eine (methodisch und inhaltlich durchaus fragwürdige) Studie des MIT[27] bescheinigte den deutschen und nordamerikanischen Produzenten deutliche produktbezogene und strukturelle Defizite und proklamierte eine „zweite Revolution in der Automobilindustrie".[28]

Mit Konzepten wie lean production, Kaizen und KVP (kontinuierlicher Verbesserungsprozess) wurden japanische Konzepte zur Leistungssteigerung und Kostensenkung übernommen. Ziel war die höhere Flexibilität, Schnelligkeit, eine effektivere Kommunikation, die Steigerung von Qualität und die Verkürzung von Durchlaufzeiten. Die Gruppenarbeit wurde zum Mittel der Wahl, dies alles zu erreichen. Die stärkere Einbeziehung der Mitarbeiter, deren Prozesskenntnis und -erfahrung sollten für kostensenkende Rationalisierungen genutzt werden. Die Gruppenarbeit erreichte jetzt eine wesentlich größere Verbreitung. So verdoppelte sich der Anteil der Firmen, die zumindest in Teilbereichen teilautonome Gruppenarbeit eingeführt haben, von 32 Prozent im Jahre 1995 auf 64 Prozent im Jahre 1999.[29]

Dabei wurde die Einführung der Gruppenarbeit sehr viel methodischer und geplanter angegangen und in vielen Fällen von umfangreichen Schulungsmaßnahmen begleitet. Ein Schwerpunkt lag dabei auf Schlüsselqualifikationen wie

- kommunikative Kompetenz,
- Kooperationsfähigkeit,
- Konfliktlösungsstrategien,
- Problemlösungsmöglichkeiten,
- methodische Kompetenzen,

die jeweils nicht nur individuell, sondern auch in Bezug auf das Team, die Abteilung und das Unternehmen entwickelt werden sollten.[30] Deutlich mehr sozialwissenschaftliche und gruppendynamische Erkenntnisse über Kommu-

[26] Luks, 2020, S. 62.
[27] Antoni, 2004, S. 52.
[28] Engroff et al., 1998, S. 4.
[29] Antoni, 2004, S. 50.
[30] Schmaling et al., 1996, S. 14.

nikation und Kooperation in Gruppen fanden Eingang in die Konzepte und Planungen. So wurden beispielsweise bei Volkswagen regelmäßige Gruppengespräche zum integralen Bestandteil der Arbeitswoche, um organisatorische, technische und personelle Fragen fortlaufend diskutieren zu können. Das war beim ersten Versuch in den 1980er-Jahren noch nicht der Fall gewesen. Bei Opel in Rüsselsheim machte man sich grundlegende Gedanken über die Zusammensetzung der Gruppen. Das „Prinzip der Repräsentativität (und damit in gewisser Weise das der Diversität) konnte sich gegenüber demjenigen der Homogenität" durchsetzen, sodass gemischte Gruppen von überschaubarer Größe (acht bis 15) entstanden, in die Leistungsschwache und Menschen mit Beeinträchtigungen integriert wurden. Man verzichtete darauf, einzelne olympiareife Mannschaften zusammenzustellen.[31]

Mit der gründlicheren Auseinandersetzung mit dem Konzept und seiner Einführung wurden auch die Erwartungen an die Gruppenarbeit realistischer. Dort, wo sie mit einem reinen Rationalisierungsgedanken verbunden wurden und beispielsweise mit der Einsparung von Führungsebenen die Kosten reduziert werden sollten, führten sie nicht zum Erfolg. Die angestrebten Ergebnisse wie die „Steigerung von Produktivität und Kreativität" wurden nicht mehr als „gruppentypische Selbstläufer" angesehen. Man begann Gruppen als „konfliktreiche und von Machtstreben geprägte Einrichtungen zu verstehen, deren anzustrebende Eigenschaften durch entsprechende Einführungsstrategien und organisatorische Vorkehrungen erst geschaffen werden müssen".[32]

In einer umfangreichen Studie aus dem Jahr 1998 zu den langfristigen Folgen der Einführung von Gruppenarbeit, an der 220 Unternehmen der deutschen Automobilzulieferindustrie teilgenommen haben, kommen die Autoren zu einem gemischten Ergebnis.

Einerseits stellen sie fest, dass die Einführung von Gruppenarbeit und die damit verbundenen Veränderungen zu

[31] Luks, 2021, S. 65 f.
[32] Luks, 2020, S. 66.

teilweise imposanten Effekten führten und fast alle Unternehmen die mit der Umstrukturierung angestrebten Ziele zumindest teilweise erreichen und den immensen Kostendruck auffangen konnten. „Allein das veränderte Kommunikationsverhalten zwischen den Mitarbeitern und ihren ‚Dienstleistern' schafft andere Formen des Umgangs miteinander, schafft Austausch von Erfahrungen und Erkenntnissen und führt ... zu einem besseren Verständnis füreinander und fördert Gemeinsamkeiten"[33]. Die eigentlich positive Bilanz wird dadurch getrübt, dass die Autoren bei vielen Projekten nach ca. drei Jahren so etwas wie eine Stagnation feststellten: Die Veränderungen kamen nicht mehr voran. Sie beschreiben eine Reihe von interessanten Faktoren, die zur Stagnation führen können und die wir für Teams in der Selbstorganisation als besonders relevant erachten.

Faktoren der Stagnation im Team

- Überlagerung durch andere Projekte: Der Umstrukturierung in Teams folgt schnell eine andere Managementidee, deren Wert für die Produktivität höher eingeschätzt wird.
- Effiziente Gruppenarbeit braucht einen Entwicklungszeitraum von drei bis zu fünf Jahren, weil es sich um einen fundamentalen Wandel von Kooperationsbeziehungen handelt. Wenn das Management diese Zeit nur zugesteht, wenn die Kennzahlen sich verbessern, und bei der ersten Verschlechterung das Projekt zurückdreht, Ressourcen abzieht oder Maßnahmen kürzt, werden alle beteiligten Mitarbeiter:innen demoralisiert.
- Widersprüche zwischen dem verkündeten Leitbild und der gelebten Realität.
- Keine dauerhafte Struktur, die die Veränderung und die Entwicklung unterstützt.
- Die Promotor:innen der Veränderung scheiden aus.
- Der Entscheidungsspielraum für die Gruppen/Teams wird (langsam) wieder eingeschränkt. Auf Probleme und Konflikte wird mit verstärkter Kontrolle und Verregelung reagiert.
- Begrenzung der Veränderung auf kleine, wenige Bereiche des Unternehmens, während die übergreifenden, indirekten Funktionen in alten Strukturen arbeiten.[34]

[33] Engroff et al.,1998, S. 94.
[34] Engroff et al., 1998, S. 94–104.

Die folgende Abbildung zeigt die für die Einführung kritischen Punkte. Es geht darum, die Veränderungen über den kritischen Punkt hinaus weiterzuentwickeln, also die Veränderung auf Dauer zu stellen.

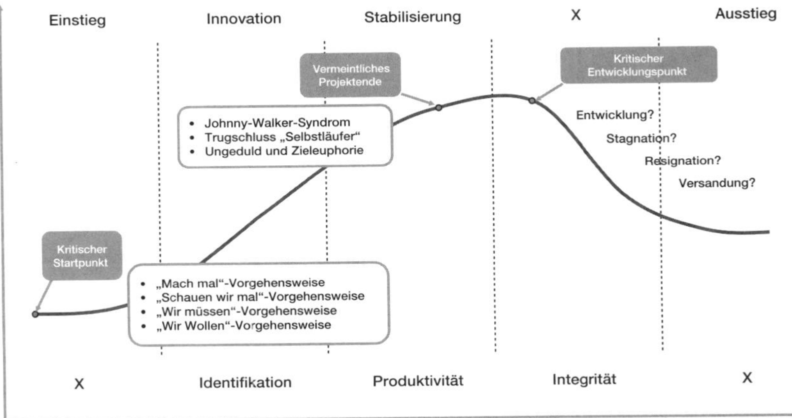

Projektmanagement: die (Projekt-)Gruppe als Hilfsmittel für die Hierarchie

Mit der Projektarbeit zieht eine weitere Form der Teamarbeit in die Organisationen und Unternehmen aller Art ein. Für Projektaufgaben (zielgerichtete einmalige Vorhaben, die komplex und zeitlich begrenzt sind) werden eigene, projektspezifische Organisationsformen entwickelt. Diese Projekte werden in eigens für dieses Projekt formierten Projektgruppen – zeitlich begrenzten Teams – bearbeitet. Solche Projektgruppen können sehr groß sein, sie können viele Projektteams umfassen und zahlreiche Veränderungen erleben. Man denke beispielsweise an Staudammbauten oder den Berliner Flughafen. Im Vergleich dazu braucht die Entwicklung eines neuen Verkaufstrainings oder einer Betriebsfeier kleine Projektteams über einen kurzen Zeitraum. Ob groß oder klein, Projekte haben eine eigene Projektorganisation. Diese kann als reine Projektorganisation eigene Räume beziehen und über mehrere Jahre angelegt sein oder sich eher informell für wenige Tage oder Wochen bilden. In ihr werden außerhalb der fortbestehenden hierarchischen Organisationsstrukturen alle für die Bearbeitung des Problems notwendigen Funktionen zusammengefasst.

Heute ermöglicht die Projektarbeit, komplexe Aufgaben in Unterprojekte und Arbeitspakete aufzugliedern, sodass viele Menschen gemeinsam und transparent an einem gemeinsamen Ziel arbeiten und gesteuert werden können. Erfunden wurde die Projektarbeit allerdings mit der umgekehrten Absicht, nämlich eine Möglichkeit zu schaffen, sodass viele Menschen gemeinsam an einem Projekt arbeiten können, ohne das Gesamtbild/Projektziel zu sehen.

Projektmanagement wurde erstmals im Manhattan-Projekt systematisch entwickelt, dokumentiert und angewandt, dass damals streng geheime amerikanische Forschungsprojekt zur Entwicklung der Atombombe. Bis zu 150.000 Menschen arbeiteten an diesem Projekt, aber nur wenige von ihnen waren eingeweiht, was hier genau entwickelt werden sollte. Doch Projektarbeit kann nicht nur Zusammenhänge verschleiern, dieselben Phasen und Planungsschritte können Transparenz schaffen, wenn man den Blick auf das Ganze erlaubt. Genau das hat die Projektarbeit so erfolgreich gemacht, sodass sie heute zum Standard in der IT- und Produktentwicklung geworden ist. Auch in der öffentlichen Verwaltung werden mittlerweile flächendeckend Modernisierungsziele mit Methoden aus dem Projektmanagement umgesetzt.[35]

Projektteams verfügen in der Regel über einen größeren Freiraum, die eigene Arbeit zu gestalten, es wird fach- und hierarchieübergreifend zusammengearbeitet und Neues ausprobiert. Auch hier sind die Erfahrungen und die Ergebnisse gemischt: Eine Längsschnittstudie, in der 40.000 Einzelprojekte in der Informationstechnologie untersucht wurden, kam zu dem Schluss, dass nur 16 % der Projekte erfolgreich abgeschlossen wurden (termingerecht, ohne Kostenüberschreitung, im geplanten Umfang), etwa 53 % waren teilweise erfolgreich und 31 % der Projekte scheiterten und wurden abgebrochen. Erfolgsfaktoren waren: Die Endbe-

[35] Schönert et al., 2016.

nutzer:innen werden einbezogen, das höhere Management unterstützt das Projekt und es existieren klare Vorgaben. Das Gegenteil führte zum Scheitern.[36] Mittlerweile werden unter dem Stichwort „open innovation" zunehmend auch Lieferant:innen, Wettbewerber:innen und andere Partner:innen in Projekte eingebunden.

Hohe Anforderungen an die Beteiligten stellt die doppelte Zugehörigkeit der Projektmitarbeiter:innen dar. Wenn Mitarbeiter:innen nicht in reinen Projektorganisationen arbeiten, bleiben sie einerseits ihrer Herkunftsabteilung verpflichtet, wo häufig Dienst- und Fachaufsicht verankert bleiben, und müssen sich andererseits dem Projekt verbindlich zuwenden. Die Ziele und Interessen der beiden Bereiche können sich durchaus widersprechen, und die Mitarbeiter:innen, insbesondere die Projektleiter:innen, sahen sich Konflikten und Spannungen gegenüber. Damit wurde seit den 1990er-Jahren sehr viel Erfahrung gesammelt und sozialwissenschaftliches und psychologisches Wissen zu Kommunikation, Teams, Gruppe und Führung in die Standardwerke des Projektmanagements und die organisationalen Ausbildungscurricula aufgenommen. So wurde Kooperation und Führung als „People" zu einer der vier „Ps" (neben Plan, Process and Power) und somit zu einem der relevanten Kompetenzfelder im Rahmen der Projektmanagementzertifizierung bei der GPM. Allerdings wurden die Menschen (people) hier vornehmlich als potenzielle Störfaktoren betrachtet, an denen es scheitern kann. Um dieses Risiko kleinzuhalten, wurden sehr ausgeklügelte, eher betriebswirtschaftlich orientierte Methoden der Projektorganisation entwickelt, mit genauen Ablauf- und Zuständigkeitsplänen, um Kommunikationsbedarfe an den Schnittstellen zu reduzieren und zu versuchen, das Unplanbare und das Soziale kontrollierbar zu machen. Diese Sichtweise wurde Stück für Stück erweitert. Da Führungskräfte in den Projekten häufig nicht die disziplinarische Führungsverantwortung innehaben, wurden im Projektmanagement viele Formen der lateralen Führung (Führung ohne Weisungsmacht) entwickelt.[37]

[36] Kuhn, 2015, S. 138.
[37] Hische/Hische, 2019.

Vom Projekt zum agilen Team

Doch all diese Projektmanagementmethoden, Pläne, Systematiken, Verfahrensweisen, Schnittstellenklärungen schaffen nicht nur Transparenz (oder Intransparenz), sie machen auch Arbeit. Oftmals erleben Beteiligte, dass der Aufwand für Planung und Dokumentation den Nutzen übersteigt. Wie ein Akt der Befreiung wirkte deshalb das 2001 auf einer Konferenz von 14 Softwareentwickler:innen formulierte und mittlerweile tausendfach unterschriebene "Manifesto for Agile Software Development" (www.agilemanifesto.org).

Formuliert wurde es von Softwareentwickler:innen, die bereits nach agilen Prinzipien arbeiteten (Adaptive Softwareentwicklung, Scrum etc.). Das Manifest stellt vier Wertepaarungen vor, die eine gemeinsame Idee verbindet: Der Mensch, sein Denken, Fühlen und Verhalten rücken in den Mittelpunkt. Entwickler:innen sollen in der Lage sein, direkt auf das zu reagieren, was sie als wichtig erkannt haben. So rückt es den Menschen (sowohl als Entwickler:in als auch als Kund:in) in den Mittelpunkt der Arbeit und machte Agilität zu einem Prinzip weit über die IT-Entwicklung hinaus. Damit legte das agile Manifest zwei zentrale Grundsteine für das, was wir heute in den Konzepten der Selbstorganisation finden. Sinngemäß lässt es sich so zusammenfassen: Wir schätzen und kennen den Wert von festgelegten Prozessen, Methoden, Dokumentationen, Verträgen und Planung, aber wir halten die Personen, die Interaktion und Zusammenarbeit, Flexibilität bei Veränderung und natürlich ein gutes Produkt (a working software) für wichtiger und wertvoller. Und genau dort beginnt die Selbstorganisation (einen Überblick, was in der Folge an Methoden und Ansätzen entstanden ist, geben wir in Abschnitt 1.6).

1.5 Die Wirkung der Gruppe auf die Arbeitsleistung: Was die Forschung sagt

Teamarbeit eignet sich für bestimmte Aufgaben und für andere nicht

Mittlerweile weiß man mehr darüber, welche Aufgaben sich für Teamarbeit eignen und welche nicht, und dass es unterschiedliche Formen von Arbeitsgruppen gibt, die man nicht verwechseln sollte.

Wie bereits erwähnt, setzt ein Team eine gemeinsame Aufgabe voraus, die nur zu bewältigen ist, wenn die Teammitglieder miteinander kooperieren. Erst durch die Notwendigkeit zur Kooperation, das Angewiesensein aufeinander, kommt es zur Formation eines Teams.

Aufgaben, die sich besonders für Teams eignen[38]

- Aufgaben, die Kooperation notwendig machen und das Zusammenwirken unterschiedlicher Fachrichtungen und Kompetenzen erfordern und die eine gewisse Heterogenität der Beteiligten voraussetzen.
- Eine offene, neue, nicht standardisierbare Aufgabe, bei der die passenden Lösungen jeweils neu ge- oder erfunden werden müssen.
- Eine dauerhafte, zumindest über einen längeren Zeitraum anhaltende Aufgabe. Teams brauchen Zeit, um arbeitsfähig zu werden. Die Angaben darüber sind unterschiedlich. Unter sechs Monaten macht es nach unserer Ansicht keinen Sinn, ein Team zu starten.
- Eine Aufgabe, bei der der Gestaltungsspielraum des Teams, die eigene Zusammenarbeit zu organisieren, groß und nicht von vornherein genau reglementiert ist.
- Eine Aufgabe, die von einer Anzahl von Beteiligten zu bewältigen ist, die im Team zusammenarbeiten, also direkt miteinander kommunizieren können. Ideal sind vier bis acht Personen, ab zwölf wird es unübersichtlich und es bilden sich Untergruppen, ab ca. 20 Personen wird es unmöglich, ein Team zu bilden.

[38] Hackmann/Wageman, 2005.

In der Praxis finden sich diese Merkmale in unterschiedlicher Ausprägung und Kombination. Deswegen haben Cornealia Edding und Karl Schattenhofer das Konzept der „Teamigkeit" entwickelt, mit dem eingeschätzt werden kann – eher als Faustregel denn als objektive quantitative Bestimmung –, wie viel Teamarbeit eine Arbeitsgruppe bei der Bewältigung der Aufgaben leisten muss. Je höher die Teamigkeit, desto größer ist der Bedarf der Teams an Zusammenarbeit und desto mehr Aufmerksamkeit sollte auf die Gestaltung, Entwicklung und Pflege der Zusammenarbeit im Team gerichtet werden.

Dimensionen zur Einschätzung der „Teamigkeit"

niedrige Teamigkeit			hohe Teamigkeit
standardisierbare Aufgabe			offene, neu zu gestaltende Aufgabe
kurze, zeitlich befristete Aufgabe			dauerhafte, fortlaufende Aufgabe
sehr homogen			sehr heterogen
geführtes Team	sich selbst führendes Team	sich selbst gestaltendes Team	sich selbst bestimmendes Team
fest in eine Organisation eingebunden und von deren Regeln bestimmt			„freies" Team mit wechselnden Auftraggebern:innen

(Quelle: Edding/Schattenhofer, 2020, S. 32)

In der englischsprachigen Literatur wird zwischen Workteams und Taskforces sowie Crews unterschieden. Taskforces werden zeitlich befristet eingesetzt, um ein bestimmtes Problem zu lösen oder eine Krise zu bewältigen. Im deutschsprachigen Raum entspricht das der Projektgruppe, die an einer speziellen übergreifenden Aufgabe arbeitet, die in der normalen Organisation mit ihrem arbeitsteiligen Vorgehen nicht zu bewältigen ist. Unter Taskforces zählen auch Krisenstäbe, in denen übergreifend und systematisch an der Bewältigung von kleinen und größeren unvorhersehbaren Katastrophen gearbeitet wird. Taskforces sind auf den speziellen Beitrag der einzelnen Mitglieder angewiesen, sie brauchen eher eine starke Strukturierung und Führung. Sie haben wenig Zeit und Raum, sich um die Entwicklung der eigenen Zusammenarbeit zu kümmern.

Davon zu unterscheiden sind Crews, wie wir sie beispielsweise in Operationssälen, in Flugzeugen aber auch in Orchestergräben oder an Filmsets antreffen. Crews sind Teams mit genau definierten und beschriebenen sowie befristeten Aufgaben, die arbeitsteilig von Menschen mit verschiedenen Funktionen/Professionen ausgeführt werden. In Crews läuft die Arbeit nach festgelegten Regeln ab, der Gestaltungsspielraum ist gering, was beabsichtigt ist. Das Zusammenspiel sollte funktionieren wie eine gut geölte Maschine. Trotzdem wirken sich auch hier die Beziehungen unter den Beteiligten auf die Qualität der Arbeit aus.

Work Teams sind die Teams, die wir als besonders „teamig" bezeichnen. Im Unterschied zu Crews und Taskforces ist die Dauer ihres Bestehens nicht begrenzt, ihre Aufgabe ist offen und den Weg zum Ziel müssen sie erst selbst finden. Die persönlichen Beziehungen zwischen den Beteiligten bekommen ihre besondere Bedeutung vor allem dadurch, dass ihr Ende nicht von vorneherein absehbar ist.

Die Wirkung von Diversität und Heterogenität

Gruppen in Organisationen werden zunehmend heterogen. Das ist einer der Hauptgründe, interdisziplinäre Teams einzurichten. Internationale Zusammenarbeit, Joint Ventures oder Fusionen verlangen die Fähigkeit und Bereitschaft, über Kultur- und Organisationsgrenzen hinweg zusammenzuarbeiten. Die Individualisierung und Deregulierung von Arbeitsverhältnissen führt zu einer weiteren Diversifizierung in ehemals homogenen Teams: Es arbeiten Menschen in einem Team zusammen, die unterschiedlich bezahlt werden, die unterschiedliche Arbeitszeiten haben, festangestellt oder auf Honorarbasis, die zur unbefristeten Kernbelegschaft gehören oder einen befristeten bzw. den Vertrag einer Zeitarbeitsfirma haben, in Vollzeit und Teilzeit, mit verschiedenen kulturellen Hintergründen.

Der Wirkung dieser Unterschiede auf die Spur zu kommen, versucht ein Zweig der Gruppen- und Teamforschung seit ca. 50 Jahren. Hier wird in Gruppenexperimenten und in der Untersuchung bestehender Teams nach Antworten auf die Fragen gesucht: Wie wirkt sich die Unterschiedlichkeit der Teammitglieder auf die Teamleistung aus? Untersucht werden in erster Linie unveränderliche und sichtbare Merkmale wie Geschlecht, Alter, ethnische Herkunft, aber auch Unterschiede in der Ausbildung oder der Berufserfahrung. Die zentrale Erkenntnis dieser Forschung ist: Weder heterogene noch homogene Teams sind per se produktiver. Die Forscher:innen konnten keine einzelnen veränderlichen und/oder unveränderlichen Unterschiede identifizieren, die sich eindeutig positiv oder negativ auswirken. Vielmehr kommt es auf den jeweiligen Kontext an. Heterogenität kann unter bestimmten (intervenierenden) Umständen eine positive Wirkung auf die Leistung haben, wie im Folgenden beispielhaft aufgeführt.

Wann Diversität einen positiven Einfluss auf Teams hat[39]

- Unterschiede in den Professionen und den beruflichen Erfahrungen gehen dann mit besseren Ergebnissen einher, wenn die damit verbundenen unterschiedlichen Informationen nicht nur ausgetauscht, sondern auch diskutiert und zu einer gemeinsamen Lösung integriert werden. Nur wenn die Verarbeitung der verschiedenen Sichtweisen funktioniert und diese nicht nur nebeneinandergestellt werden, hat fachliche Diversität einen positiven Effekt.
- Aufgabenbezogene Konflikte, begründet in unterschiedlichen fachlichen Sichtweisen, fördern nicht per se die Qualität der Ergebnisse. Nur wenn anlässlich der Konflikte über die Art und Qualität der Zusammenarbeit im Team reflektiert wird, treten gleichzeitig auch gute Ergebnisse auf.
- Diversität führt dann zu besseren Leistungen, wenn die Gruppen offene, unbefristete, neue, komplexe Aufgaben bewältigen müssen, die zugleich kreative, innovative Lösungen erfordern. Bei standardisierten, gleichförmigen Aufgaben scheint sie eher zu stören. Die fachlichen und beruflichen Unterschiede zeigen stärkere Effekte als die demografischen.

[39] Einen Überblick zur Diversity-Forschung liefern van Kippenberg/Mell, 2016.

- Manche Teams sind von ihren Ausgangsbedingungen her mit bestimmten „Faultlines" versehen, also Sollbruchstellen, die das Team leicht in unterschiedliche Teile zerfallen lassen kann. Die Leistungen von Teams, in denen sich Unterschiede gegenseitig verstärken, können dadurch eingeschränkt werden. Wenn in einem Team neue, jüngere, frisch von der Ausbildung kommende Mitarbeiterinnen mit Zeit- oder Honorarverträgen mit älteren, schon lange an dieser Aufgabe arbeitenden, männlichen Kollegen mit unbefristeten Verträgen zusammenarbeiten sollen, dann könnte dieses leicht in zwei Gruppen zerfallen, die sich voneinander abgrenzen und deren Zusammenarbeit leidet. Sollbruchstellen dieser Art müssen einige Teams, die wir untersucht haben, bewältigen.
- Heterogene Gruppen brauchen mehr Zeit, um arbeitsfähig zu werden. Die demografischen Unterschiede verlieren mit der Zeit an Bedeutung, unterschiedliche Wertvorstellungen und persönliche Verschiedenheit treten in den Vordergrund.
- In STEM-Teams (Science, Technology, Engineering, Mathematics) wird die *Zusammenarbeit* durch die Beteiligung von Frauen deutlich verbessert. Erklärt wird das unter anderem mit ihrem Beitrag zu einer mehr gleichberechtigten und weniger dominanten Kommunikation. Die Wirkung der Geschlechtermischung auf die *Leistung* der in den traditionell von Männern dominierten STEM-Teams ist nicht so eindeutig. Verschiedene Studien zeigen entweder keinen oder leicht negative Effekte. Das gilt vor allem, solange Frauen dort eine kleine Minderheit bilden und die wenigen Frauen von den Männern in ihren Fähigkeiten nur gering geschätzt werden.[40]

Die Bedeutung des Nachdenkens und Sprechens über das eigene Tun – Reflexivität

Erfahrung + Reflexion = Lernen. Nachdenken über die eigenen Handlungen und Handlungsfolgen ist die zentrale Quelle für Erfahrungslernen. Erst durch Reflexion wird man aus eigenen Erfahrungen klug. Was für Individuen gilt, gilt auch für Teams und Gruppen, mit dem Unterschied, dass es sich hier nicht nur um einen inneren, psychischen, sondern darüber hinaus um einen sozialen Prozess handelt, indem

[40] Einen Überblick liefern Bear/Woolley, 2011.

das Gedachte geäußert und besprochen wird. Gemeinsame Reflexion und Evaluation ist ein voraussetzungsvolles soziales Geschehen, das nicht spontan erfolgt, sondern welches Teams lernen müssen.

In den frühen Wellen der Teamarbeit wurde den Themen Reflexion, Auswertung, Evaluation zunächst wenig Aufmerksamkeit geschenkt. Anscheinend nahm man an, dass aus gemeinsamen Erfahrungen Lernprozesse automatisch erfolgen oder die Reflexion der Zusammenarbeit von selbst geschieht, wenn man die Arbeitsgruppen nur ließe. Mit der Verbreitung gruppendynamischer Konzepte wurde auch das Thema Reflexion prominenter. So entstanden seit den 1980er-Jahren zahlreiche Konzepte, wie Teams und Arbeitsgruppen ihre eigene Entwicklung, ihre Spannungen und Konflikte reflektieren und bearbeiten können.[41] Gleichermaßen entwickelten sich Beratungsformen wie Teamcoaching, Teamsupervision, Teamentwicklung und kollegiale Beratung zur Unterstützung von Teamentwicklung und Teamarbeit.

Die Forschung thematisierte Reflexion in und Reflexivität von Teams erst Ende des letzten Jahrtausends und warf die Frage auf, ob und wie sich Reflexionsprozesse auf die Arbeitsergebnisse von Teams auswirken. Die Forschungsergebnisse bestätigen ihrer überwiegenden Tendenz nach die Erfahrung von Praktikern, dass Teams, die ihre Arbeit auswerten, zu besseren Ergebnissen kommen als solche, die das nicht tun. So wurden Teams mit unterschiedlichen Aufgaben und in unterschiedlichen Feldern beruflicher Tätigkeit untersucht. Die Reflexivität eines Teams wurde dabei mithilfe standardisierter Fragebögen erhoben. Den folgenden haben wir auch in unserer Untersuchung verwendet.[42]

[41] Antons et. al., 1973/2020; Budziat/Kuhn, 2021.
[42] van Dick et al., 2005, S. 50f.

Aufgabenbezogene Reflexivität

1 stimme gar nicht zu
2 stimme nicht zu
3 stimme eher nicht zu
4 unsicher
5 stimme eher zu
6 stimme zu
7 stimme voll zu

Inwieweit treffen folgende Aussagen auf die momentane Situation Ihres Teams zu?

	1	2	3	4	5	6	7
Das Team überprüft regelmäßig seine Ziele.							
Wir diskutieren regelmäßig, ob wir effektiv zusammenarbeiten.							
Wir diskutieren häufig über die Methoden, wie wir unsere Arbeit machen.							
Wenn sich die Umstände ändern, passen wir auch unsere Ziele den Veränderungen an.							
Wir passen unsere Strategien häufig an.							
Wir sprechen oft darüber, ob wir angemessen miteinander kommunizieren.							
Wir diskutieren regelmäßig darüber, ob die Art und Weise, wie wir unsere Arbeit tun, angemessen ist.							
Die Art und Weise, wie wir zu Entscheidungen kommen, wird regelmäßig hinterfragt und verändert.							

Soziale Reflexivität

1 stimme gar nicht zu
2 stimme nicht zu
3 stimme eher nicht zu
4 unsicher
5 stimme eher zu
6 stimme zu
7 stimme voll zu

Inwieweit treffen folgende Aussagen auf die momentane Situation Ihres Teams zu?

	1	2	3	4	5	6	7
In schwierigen Momenten unterstützen wir uns gegenseitig.							
Wenn es sehr stressig wird, sind wir besonders hilfsbereit.							
Konflikte bleiben bei uns nicht unbearbeitet.							
Die Teammitglieder bringen sich gegenseitig häufig neue Fertigkeiten bei.							
Wenn es besonders anstrengend wird, ziehen wir alle an einem Strang.							
Wir sind immer freundlich zueinander.							
Konflikte werden bei uns konstruktiv bearbeitet.							
Meinungsunterschiede zwischen Teammitgliedern werden normalerweise schnell aus dem Weg geräumt.							

Oft unterscheiden die Autoren solcher Instrumente zwischen der aufgabenbezogenen und der sozialen, auf die Zusammenarbeit bezogenen Reflexivität.

Besonders eindrucksvoll wird der Einfluss von Reflexivität in einer der ersten Untersuchungen zu diesem Thema.[43] Einbezogen waren verschiedene Produktionsteams der BBC, die selbstständig einzelne Beiträge für das Fernsehen produzieren. Ihre Auswertung ergibt, dass die Reflexivität (sowohl sozial als auch aufgabenbezogen) der beste Prädiktor für die Qualität der von den Teams produzierten

[43] Carter/West, 1998.

TV-Beiträge war. Die Qualität wurde von Expert:innen und Zuschauer:innen beurteilt.[44]

Zahlreiche weitere Untersuchungen zeigen ebenfalls einen positiven Zusammenhang der Reflexivität eines Teams mit seiner Leistung, dem Arbeitsergebnis, dem Projektfortschritt, der Innovativität und der Zufriedenheit der Gruppenmitglieder. Dabei scheint Reflexivität als Vermittler zwischen verschiedenen Rahmenbedingungen von Teams und ihrer Leistungsfähigkeit zu wirken:[45]

- Fachliche Diversität wirkt, wenn eine Team zugleich sehr reflexiv ist.
- Reflexion hilft eher Teams mit schwierigen Ausgangsbedingungen dabei, sich zu verbessern.
- Kooperatives Führungsverhalten und gemeinsame Zielbestimmungen gehen mit guten Leistungen eines Teams einher, wenn dieses zugleich hohe Werte in der Reflexivität hat.
- Fachliche Meinungsunterschiede gehen mit guten Leistungen nur dann einher, wenn das Team sich reflexiv verhält.

Die Untersuchungen lassen keine kausalen Schlüsse zu, etwa derart, dass die Reflexivität kausal mit den genannten Wirkungen zusammenhängt, die Korrelationsstudien weisen vielmehr nur auf ein gleichzeitiges Auftreten hin. Die Ergebnisse stützen aber die These, dass es für die Zusammenarbeit eines Teams und seine Ergebnisse von besonderer Bedeutung ist, wie im Team über das Team nachgedacht und gesprochen wird. Dieser Frage haben wir daher einen wichtigen Platz in unserer Untersuchung eingeräumt.

[44] Weixelbaum, 2016, S. 111.
[45] Einen guten Überblick liefert Weixelbaum, 2016.

Kapitel 2: Die Studie

Was genau tun Teams, wenn sie das tun, was sie Selbstorganisation nennen? Vor welchen Herausforderungen stehen Teams in der Selbstorganisation? Wie begegnen sie diesen Herausforderungen? Wie entwickeln sich die Teams als Teams und wie lernen sie?

Welche Teams aus welchen Organisationen haben wir befragt? Wie haben wir unsere Daten erhoben? Welche Fragen haben wir gestellt, wie haben wir die Interviewergebnisse ausgewertet und wie aufbereitet? Diese Fragen beantworten wir im folgenden Kapitel.

Um zu verstehen, wie Teamarbeit und Selbstorganisation im Setting von New Work ganz konkret aussehen, haben wir Organisationen gesucht, die den Aufbruch in die Selbstorganisation gewagt haben. Aus diesen Organisationen haben wir jeweils zwei Teams eingeladen, mit uns gemeinsam zu untersuchen, wie sie das ganz konkret machen: sich selbst zu organisieren. Des Weiteren haben wir die nächsthöhere Führungsebene, die außerhalb des Teams für das untersuchte Team zuständig ist, interviewt.

Unser Ziel war, jenseits aller Verfahren und Modelle, wie sie es *tun sollen,* zu beschreiben, was die Teams *konkret tun*. Was tun sie? Und was nicht? Wie kooperieren sie miteinander und wie nach außen? Welche Herausforderungen erleben sie und wie gehen sie damit um? Wie findet Veränderung statt und was und wie lernen die Teams?

2.1 Studiendesign: eine forschende Haltung einnehmen

Wir baten unsere Ansprechpartner, diese Studie als Angebot an solche Teams weiterzuleiten, die aus Sicht der Organisation erfolgreich arbeiten, und uns zwei möglichst unterschiedliche Teams zur Teilnahme auszuwählen. Die Teams unterschieden sich hinsichtlich ihrer Größe, ihrer Lebensdauer, ihrer Aufgaben, der beteiligten Professionen, des Alters der Teammitglieder sowie in der Form der Selbstorganisation. Ziel der Auswahl war, unter der verbindenden Überschrift „Selbstorganisierte Teams" ein breites Spektrum zu erkunden.

Dies ist keine Studie, in der systematisch erfolgreiche Teams mit nicht erfolgreichen Teams verglichen werden. Wir wissen wenig darüber, wann und warum Teams, die sich selbst organisieren, scheitern. Einiges haben uns die Teams im Rückblick auf ihre Krisenzeiten beschrieben. Diese Innensicht ist in die Teamaufgaben (Kapitel 4) eingeflossen. Doch das sind Krisen von Teams, die am Ende einen guten neuen Weg gefunden haben. Gescheiterte Teams oder Teams, die vom Scheitern bedroht sind, haben wir nicht untersucht. Wir haben das, was wir im Feld beobachtet haben, mit einem sozialwissenschaftlichen und gruppendynamischen Verständnis von Selbstorganisation beschrieben und interpretiert.

Die Teilnahme war immer freiwillig. In jedem Team sprachen wir mit drei bis fünf Vertreter:innen, nie mit dem gesamten Team. Dieses Vorgehen haben wir gewählt, um es den Beteiligten zu erleichtern, dem eigenen Team gegenüber eine forschende Haltung einzunehmen. Stellvertreter:innen können leichter von außen auf ihr Teams schauen und darüber sprechen, denn es ist klar, dass sie auch die Perspektive anderer mit einbringen sollen und müssen. Nehmen hingegen alle Teammitglieder an solchen Gesprächen teil, spricht jeder zunächst nur für sich. Versammelt man alle Teammitglieder um den Tisch, ist es schwerer, eine Metaebene einzunehmen.

Insgesamt haben wir neun Teams interviewt. 43 Mitarbeiter:innen nahmen an den Gesprächen teil und repräsentierten insgesamt etwa 112 Teammitglieder.

Darüber hinaus haben wir acht Führungskräfte dieser Teams interviewt (die Bezeichnungen für ihre Rollen und Positionen waren sehr unterschiedlich), um zu verstehen, vor welchen Herausforderungen sie stehen, wenn sie Teams in der Selbstorganisation unterstützen.

Ziel unserer Methodik war, die teilnehmenden Gruppenvertreter:innen mit unseren Aufgaben und Fragen zu einer Selbstanalyse ihres jeweiligen Teams anzuregen und über die Ergebnisse miteinander und mit uns ins Gespräch zu kommen.

Wir haben uns zusammen mit Zettel und Stift um einen Tisch gesetzt. Nachdem wir uns und unser Forschungsinteresse vorgestellt hatten, verteilten wir unterschiedliche Aufgaben an die Teilnehmer:innen. Sie bekamen jeweils zehn Minuten Zeit, die ihnen zugewiesene Aufgabe zu bearbeiten. Gab es mehr Aufgaben als Teilnehmer:innen, haben sie die verbleibenden Aufgaben im Anschluss gemeinsam bearbeitet. Die Teilnehmer:innen stellten sich ihre Ergebnisse anhand ihrer Aufzeichnungen auf den Arbeitsblättern gegenseitig und uns vor. Dieser Input bildete den Ausgangspunkt für die vertiefende Gruppendiskussion zu dem jeweiligen Thema. Es kamen intensive Gruppengespräche zustande, bei denen nicht selten bisher unbekannte Sichtweisen zutage traten. Es waren Gespräche unter Forschenden, in denen alle Beteiligten ihre Beobachtungen über den Gegenstand (die Teams und ihre Mitglieder) austauschten und miteinander diskutierten.[1]

Die Bearbeitung der Aufgaben und die Gruppendiskussionen dauerten jeweils zwischen 1,5 und 2,5 Stunden.

Unsere theoretischen Annahmen, die wir unserem Blick auf die Teams in der Selbstorganisation zugrunde legen, haben wir in Kapitel 1 beschrieben. Davon ausgehend formulierten wir unsere Fragen und die Aufgaben, mit denen die Vertreter:innen ihre Teams beschreiben sollten. Einerseits lenkten wir damit ihre Aufmerksamkeit auf Themen, die sie selbst vielleicht nicht angesprochen hätten, andererseits waren die Fragen und Aufgaben so formuliert, dass sie genügend Raum ließen, all das anzusprechen, was sie selbst für wichtig hielten. Wir wollten möglichst genau erkunden, wie in den Teams konkret und nach welchen Vorstellun-

[1] Schattenhofer, 1992, S. 68ff..

gen und Modellen zusammengearbeitet wird. Der andere Schwerpunkt lag darauf, wie in den Teams über die eigene Arbeit und Zusammenarbeit reflektiert wird, d.h. wie darüber gesprochen wird und welche Konsequenzen daraus gezogen werden.

Der Ablauf der Sitzungen sah folgendermaßen aus:

1. Wir stellen unseren Hintergrund und unser Forschungsinteresse vor und informieren über Datenschutz und Ablauf der Studie.
2. Die Teilnehmer:innen stellen sich vor: Wer ist da, wer ist schon wie lange im Team und wer hat welche Rolle im Team? Welche Aufgabe hat das Team? Welche Geschichten und Besonderheiten müssen wir wissen, um das Team zu verstehen?
3. Wir teilten fünf verschiedene Forschungsaufgaben aus und baten jeweils eine:n Teilnehmer:in, eine spezifische Forschungsaufgabe zu bearbeiten und dann den anderen vorzustellen. Übrige Aufgaben wurden von allen Teilnehmer:innen gemeinsam bearbeitet.
4. Ca. zehn Minuten Einzelarbeit anhand der verteilten Aufgaben. Dann stellte jeder sein Ergebnis vor.
5. Darauf folgte ein offenes Gespräch: Was gibt es zu ergänzen, zu erklären, was gehört noch dazu?
6. Im letzten Schritt haben Teilnehmer:innen den Fragebogen zu Teamreflexivität (siehe Kapitel 5) ausgefüllt.

2.2 Fünf Forschungsaufgaben: ein teamdiagnostischer Zugang

Erste Forschungsaufgabe: ein Bild zum Überblick – die innere Ordnung des Teams

Wer gehört dazu? Welche unterschiedlichen Professionen und Aufgaben gibt es? Welche (Führungs-)Rollen? Gibt es Untergruppen? Wer steht im Zentrum, wer am Rand?

Hier ein Beispiel: mit den Rollen, Professionen und Subgruppen.

Das folgende Bild – wie die darauffolgenden auch – dient der Illustration unseres Vorgehens. Die Bilder waren Anlass zu Gesprächen in den Teams. Wir wissen, dass sie sich inhaltlich so alleinstehend nicht erschließen.

Innere Struktur – ein Bild zum Überblick

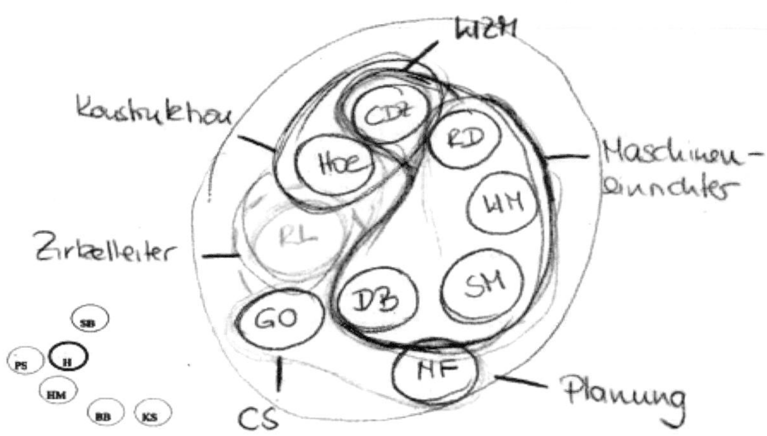

Zweite Forschungsaufgabe: Die Geschichte spielt eine Rolle – die Lebenslinien der Teams

Anhand dieser Linien wurde die Geschichte der Teams besprochen: Höhen/Tiefen, Wendepunkte, Erfolge/Misserfolge, Konflikte, wichtige Ereignisse über die Zeit.

Hier ein Beispiel mit einer Linie (oben) für das anhaltend gute Klima, die besonderen Wendepunkte (Mitte) und die Punkte für die regelmäßigen Termine mit den Auftraggeber:innen.

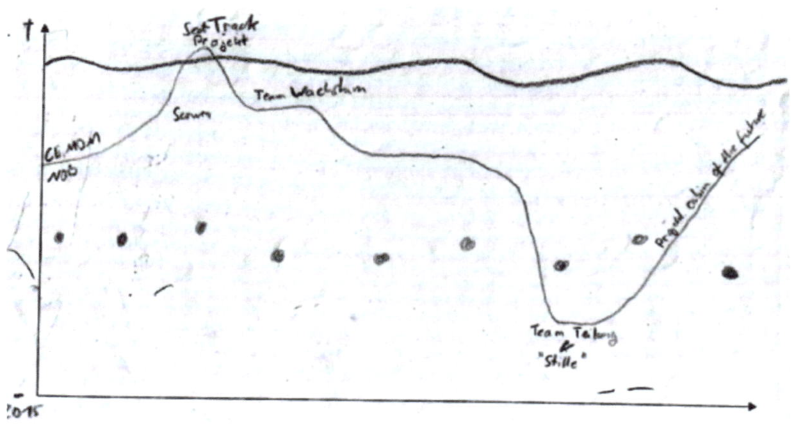

Dritte Forschungsaufgabe: Worüber wird gesprochen, worüber nicht? – thematische Grenzen

In den Besprechungen und bei Treffen: Worüber wird gesprochen, worüber nicht? Worüber sollte gesprochen werden, wird es aber nicht?

Hier ein Beispiel, in dem den Befragten zunächst keine Themen eingefallen sind, die *nicht* besprochen werden können. Im anschließenden Gespräch hat sich das verändert und es wurde klar, dass es durchaus Nicht-Besprechbares gibt.

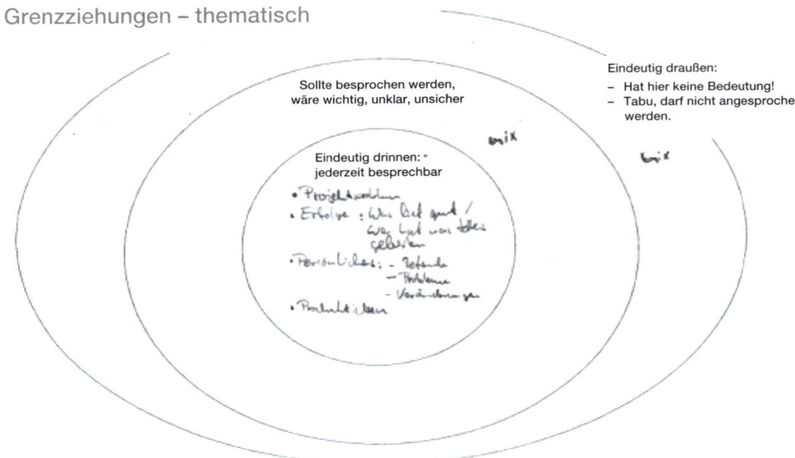

Vierte Forschungsaufgabe: Der Handlungsspielraum – Was entscheidet das Team? Wo sind Sie einbezogen? Was wird außerhalb des Teams entschieden?

Entscheidungen

Was entscheidet das Team? Wie werden Entscheidungen getroffen? Beispiele für gelungene, misslungene Entscheidungen.	Wo kann das Team mitreden, ist es in die Entscheidung einbezogen? Was ist geklärt, was ungeklärt? Beispiele für gelungene, misslungene Beteiligung.	Was wird außerhalb („oben") entschieden?
• Arbeitsmaterial (Geräte) via Vorschlag • Wochenplanung der Stunden (SCRum) • Teamexkursionen (Teamtag „Fun Forest")	• Forschungs-/Projektarbeiten • Neueinstellung von Mitarbeitern, etc. • Aufgabenverteilung innerhalb der Projekte • Besuch von Messen	• Kooperationen & Partnerschaften • Vertriebswege • Budgetierung • Räumlichkeiten

Fünfte Forschungsaufgabe: Wo fängt das Team an, wo hört es auf? – Außengrenzen

Mit welchen Kooperationspartner:innen, Kund:innen, Auftraggeber:innen haben sie es zu tun? Wie läuft die Kommunikation mit diesen? Was geschieht im Konfliktfall, z. B. bei zu hohen Anforderungen?

Grenzziehungen – nach „außen"

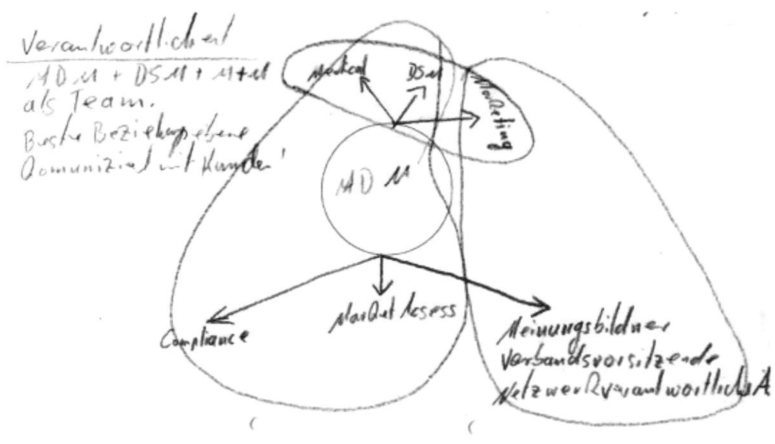

Alle Teams bekamen in den folgenden Wochen eine kurze schriftliche Rückmeldung, in der wir unseren Eindruck zusammengefasst und dargestellt haben, was aus unserer Sicht das jeweils Spezifische ihres Teams ausmacht.

2.3 Führung: Führungskräfte reflektieren ihr Tun in der Selbstorganisation

Die Führungsinterviews fanden als leitfadengestützte Einzelinterviews am Arbeitsplatz statt und dauerten 60 bis 90 Minuten. In diesen Interviews fragten wir nach:

- der Geschichte und Einführung der Selbstorganisation in der Organisation,
- dem eigenen Weg in die Selbstorganisation,
- der Führung in der Selbstorganisation, hier insbesondere:
  - Was sind die persönlichen Herausforderungen?
  - Was gibt es an den Schnittstellen zur Restorganisation zu tun und was sind hier die Herausforderungen?
  - Wie wird die eigene Kooperation mit dem Team erlebt und was brauchen die Teams?
  - Was sind die Herausforderungen an dieser Stelle an sie als Führungskräfte?
  - Wie stärken und befähigen sie die Teams in der Selbstorganisation?

Alle Gruppensitzungen, die Führungsinterviews und die Follow-up-Workshops haben die Autoren dieses Buches durchgeführt. Die Gruppensitzungen und Führungsinterviews wurden aufgezeichnet und von Dritten transkribiert.

2.4 Auswertung

Nach jedem Interview haben wir uns über unseren Eindruck von dem jeweiligen Team ausgetauscht und uns unsere Beobachtungen vorgestellt. So entstand zu jedem Team ein kurzer Text, der unsere Eindrücke (auch aus unserer professionellen Beratersicht) zu der jeweils spezifischen Teamkultur zusammenfasst, die wir im Kapitel 3 vorstellen.

Zur Auswertung der Teamsitzungen haben wir die transkribierten Protokolle in thematische Sinnabschnitte unterteilt und für jeden Sinnabschnitt eine zusammenfassende Überschrift gebildet. Im nächsten Schritt wurden alle thematisch verwandten Überschriften und Aussagen über alle Interviews hinweg zusammengefasst.

Es kristallisierten sich über alle Teamprotokolle hinweg sechs zentrale Aufgaben heraus, die unsere Teams bewältigen.

Zu jeder Aufgabe wurden die Textpassagen und Überschriften aus allen Interviews zusammengeführt, kategorisiert und interpretiert.

Zur Auswertung der Führungsinterviews erbrachte Selina Säger eine wertvolle Vorleistung. Im Rahmen ihrer Masterarbeit kategorisierte sie die Führungsinterviews anhand der strukturierenden Inhaltsanalyse nach Kuckartz (2018). Das dort entwickelte Kategoriensystem gibt interessante Einsichten in das tägliche Tun der Führungskräfte und bildete den Ausgangspunkt unserer Interpretation.[2]

2.5 Evaluationsworkshops

Ein Jahr später veranstalteten wir zwei Workshops, zu denen wir alle Teilnehmer:innen einluden. Wir ließen uns berichten, was in der Zwischenzeit passiert ist, und die Teilnehmer:innen stellten sich gegenseitig ihre Organisation und ihren Ansatz vor. Wir präsentierten unsere ersten Ergebnisse: eine erste Version der Teamkultur sowie die sechs Teamaufgaben. Die Workshop-Teilnehmer:innen konnten sich in diesen Ergebnissen gut wiederfinden, lieferten Beispiele, ergänzten, korrigierten an der ein oder anderen Stelle. Das Modell der Teamarbeit in der Selbstorganisation, das wir im Kapitel 4 vorstellen, haben wir auf Grundlage der Gespräche mit den Teams entwickelt und dann im Workshop diskutiert und an Beispielen auf seine Nützlichkeit hin geprüft.

[2] Säger, 2020.

Umgang mit Zitaten in den folgenden Kapiteln

Alle wörtlich gekennzeichneten Zitate im Text sind (wenn nicht anders angegeben) Zitate unsere Studienteilnehmer:innen. Allerdings wurden die Zitate nicht immer wortwörtlich übernommen. Um die Anonymität der teilnehmenden Personen und Organisationen zu gewährleisten, wurden die Zitate nach folgenden Regeln angepasst:

- Zum besseren Verständnis wurden die Zitate sprachlich geglättet und Wiederholungen gestrichen. Vereinzelt wurden Zitate gekürzt oder zwei, drei Sätze zu einem Satz zusammengefasst.
- Ausdrucksweisen, die Rückschlüsse auf die Organisation oder das Team zulassen, haben wir so umformuliert, dass die Anonymität gewährleistet ist. Das bezieht sich insbesondere auf bestimmte Rollenbeschreibungen, Aufgaben und Bereichsbezeichnungen.
- Um die Organisationen zu anonymisieren, verwenden wir unabhängig vom Sprachgebrauch der Organisationen (bspw. Pate, Sponsor, Lead, Guardian, Scrum Master) für alle diese sehr unterschiedlichen Gruppen mit Führungsfunktion immer den Begriff „Führungskraft“ – allerdings auch nur dann, wenn die Person *nicht* Teil des Teams ist, sondern außerhalb des Teams steht.
- Für die Organisation, die die Selbstorganisation umgibt, verwenden wir in allen Fällen den Begriff „Mutterorganisation“.

Kapitel 3: Unsere Partnerorganisationen

Alle Organisationen, die an dieser Studie teilgenommen haben, sagen über sich, dass sie ganz oder in einzelnen Geschäftsbereichen selbstorganisiert arbeiten (in einer Organisation gab es Selbstorganisation parallel zur Linienorganisation). Diese Selbsteinschätzung galt sowohl für die Organisation oder einen Organisationsteil als auch für die beteiligten Teams. Doch wie sie zur Selbstorganisation kamen, was sie darunter verstehen und wie sie Selbstorganisation in ihrem Unternehmen einführen und umsetzen, das ist sehr verschieden. In diesem Kapitel stellen wir die sehr unterschiedlichen Zugänge, aber auch die Gemeinsamkeiten vor und fragen danach, welche theoretischen Ansätze einflussreich waren.

3.1 Die Partnerorganisationen

Saint-Gobain Bearings – „Bald gibt es keine Chefs mehr!“

Die Geschäftseinheit Bearings (GE Bearings) gehört zur Unternehmensgruppe Compagnie de Saint-Gobain. Sie ist innerhalb der Einheit „High Performance Solutions“ organisatorisch in die Division Mobility eingeordnet. Die GE Bearings produziert und vertreibt Gleitlager und Toleranzringe vorwiegend für die Automobil- und Elektroindustrie. Weltweit sind in der Business Unit über tausend Mitarbeitende an 14 Standorten beschäftigt; rund 60 % davon sind in der Produktion tätig. Die deutsche Geschäftseinheit hat ihren Sitz in Willich, Nordrhein-Westfalen.

Die GE Bearings startete 2013 im Rahmen einer weltweiten Transformation und der Entwicklung einer Vision für 2020 in die Selbstorganisation. Die Vision 2020 umfasste – neben kaufmännischen und technischen Aufbrüchen – Ideen zu einer neuen Aufbauorganisation mit Selbstorganisation, einer Kreisstruktur und dezentralen, flexibleren Entscheidungswegen.

Der Weg in die Selbstorganisation

Der erste Impuls zur Selbstorganisation kam von der Geschäftsführung der Geschäftseinheit Bearings. 2012 besuchten fünf Mitglieder der Geschäftsführung und des Managements einen Kongress in Frankreich, auf dem die damals wichtigsten Vertreter neuer agiler Aufbrüche in Organisationen Vorträge hielten. So sprachen beispielsweise Frederic Laloux, Gary Hamel und Heiko Fischer. Die fünf Geschäftsführer und Manager waren begeistert. Ihnen war sofort klar: Das, was man hier gehört hatte, wollte man auch für die GE Bearings. Die Idee, mit der man starten wollte, lautete: das Hierarchische durch eine zirkuläre Struktur ersetzen und mehr Verantwortung in die Teams geben. Noch am gleichen Abend entstand die folgende Zeichnung als erster Ausgangspunkt und Zielbild für die GE Bearings:

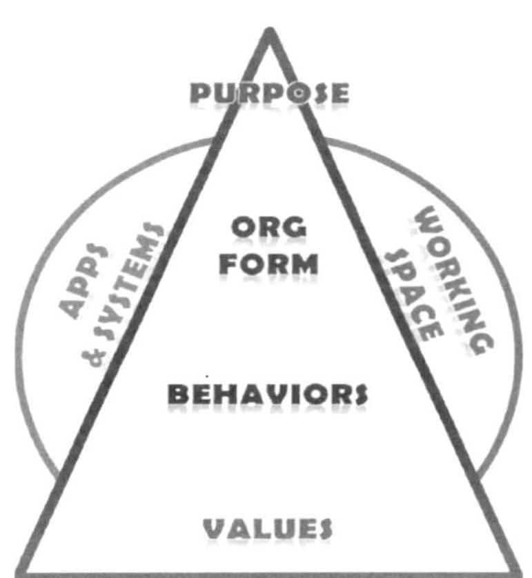

Modell der Transformation der GE Bearings

Ein halbes Jahr später wurde im Rahmen des Transformationsprozesses die neue Vision entwickelt und zeitgleich entschieden und kommuniziert, die Geschäftseinheit Bearings in Richtung Selbstorganisation weiterzuentwickeln.

Zielformulierung 2013:

- agil und sinngebend
- auf den Kunden fokussiert
- alle Mitarbeitenden und Geschäftsbereiche integrierend

Auf diesen Impuls seitens des Managements passierte 2013 zeitgleich dreierlei:

1. Zu den sechs Themen des ersten Transformationsmodells (Values, Behaviors, Organisationsform, Purpose, Apps & Systems, Working Space) wurden sechs Feldforschungsgruppen auf freiwilliger Basis quer durch alle Hierarchien und Funktionen gegründet. Diese Gruppen hatten den Auftrag zu recherchieren, was es im Feld, in der Literatur sowie bei anderen Organisationen zu ihrem Thema gibt, und ihre Ergebnisse zurück in die Organisation zu tragen.

2. Auf Mitarbeiter- und Teamebene machten zunächst Fantasien die Runde: „Bald gibt es keine Chefs mehr." oder „Jetzt kann hier jeder machen, was er will." Die Mitarbeiter:innen verschiedenster Teams begannen umzusetzen, was *sie* unter Selbstorganisation verstanden. Das Ergebnis ähnelte anfangs eher einem Chaos als einer neuen Form von Organisation. Alle wollten etwas ändern, legten los, entschieden und machten. Später wurde klar, dass es so nicht geht; für diesen oder jenen Schritt braucht es nach wie vor Strukturen. Diese Unklarheit hat dann immer wieder zu Ärger oder Frustration geführt.

3. Auf Managementebene startete das Transformationsteam eine breit angelegte Qualifizierungskampagne. Es war allen schnell klar: Selbstorganisation kann nur dann gelingen, wenn die Führungskräfte dafür gewonnen werden, die erste Verunsicherung ernst genommen wird und eine umfassende, die persönliche Lern- und Entwicklungsgeschichte betreffende Qualifizierung angeboten wird. Die oberen 10 % des Unternehmens begaben sich, begleitet von erfahrenen Coaches, auf eine intensive persönliche Reise, auf der sich alle Führungskräfte mit der eigenen Biografie und Persönlichkeit auseinandersetzten. Sie erforschten, welche Verhaltensmuster sie auf ihrem persönlichen Weg als sinnvolle Regeln gelernt

hatten, bspw. „Verlasse dich nur auf dich selbst" oder „Sichere dich immer ab, bevor du einen neuen Weg einschlägst", und suchten Wege, diese Verhaltensmuster zu erweitern. Die Frage war, welche Handlungsoptionen für ihre künftige Rolle als Führungskraft in der Selbstorganisation erforderlich waren und welche sie entwickeln wollten: Was bedeutet es für mich, Macht abzugeben, Wissen konsequent zu teilen, Entscheidungen und Einfluss loszulassen, ein Team zu begleiten, anstatt es zu leiten, und vieles mehr.

Nach dieser anfänglichen Gleichzeitigkeit, in der viel Unabgestimmtes und Widersprüchliches ausprobiert wurde, folgte die Phase der *systematischen* Umsetzung. Man brauchte zentrale Aussagen (Purpose und Werte), an denen sich alle orientieren konnten, eine Systematik für die Organisation sowie Tools für das tägliche Arbeiten. Ohne Struktur und ohne Rahmenbedingungen passierte viel, aber wenig ging voran.

Ausgehend von den sechs Feldforschungsgruppen und mit einigem an Literatur im Gepäck (zu Holacracy, Sociocracy, Teal Organizations, Scrum etc.) entwickelte die GE Bearings (ohne externe Berater:innen) eine eigene Umsetzung der Selbstorganisation:

- Eine neue Organisationsform radikal aus Kundensicht gedacht.
- Eine eigene Kreisstruktur mit verschiedenen Führungsrollen:
  - flache, klassische Hierarchie für die disziplinarische Führung
  - geteilte Führung durch vier Rollen als Vorschlag für jedes Team mit den vier Foki: People, Performance, Customer Experience und Comply.
- Teams, deren Aufgabe die Arbeit *an* der Organisation ist.
- Methodenbaukasten mit Canvas für Business und Team, Elemente aus der Scrum-Methodik, persönliche Diagnostik- und Entwicklungsmethoden, geteilte Kommunikations- und Dokumentationssoftware etc.
- Allen tausend Mitarbeiter:innen wurden Seminare mit dem Fokus auf Persönlichkeitsentwicklung und Selbstorganisation angeboten. Die allermeisten nahmen teil.

- Ziel: Eine menschliche, lernende Organisation werden, für die Veränderung der Normalfall wird: Erfahrungen machen, gemeinsam auswerten, anpassen.

Zur Entscheidungsfindung gibt es bis heute keinerlei feste Vorgaben, weder, in welchen Meetings was entschieden wird, noch, wie Entscheidungen getroffen werden. Hier entwickeln die Selbstorganisierten Teams (SOT) den für sie passenden Prozess. Um den immer wieder beobachteten Kreislauf (endlos diskutieren und dann abstimmen) zu durchbrechen, werden in Seminaren und Veranstaltungen verschiedene Entscheidungsformate für Teams gelehrt, erlebt, erprobt. So lernen die Mitarbeitenden folgende Verfahren kennen:

- Konsensentscheidungen
- Konsententscheidungen mit Einwandintegration
- Widerstandsabfrage (Systemisches Konsensieren)
- Konsultative Fallberatung
- Entscheidungsmatrix

Was sind unsere wichtigsten Lessons Learned?

- Freiheit geht immer auch mit Verantwortung einher.
- Der Fokus auf das Persönliche ist wichtig. Persönliche Weiterentwicklung verläuft nicht linear, sehr persönliche Geschichten müssen aufgearbeitet werden. Das braucht Zeit, auch für gelegentliche Rückschritte.
- Frühzeitige und umfassende Kommunikation ist wichtig: Alle sollen sich orientieren können. Man kann gar nicht zu viel kommunizieren.
- Von Anfang an alle einbinden. Das erste Chaos kann man aufräumen. Die Hauptsache ist, dass alle Mitarbeitenden involviert sind.

Das Erfolgsgeheimnis von Saint-Gobain Bearings

- Entscheidung und zentrale Unterstützung kam von der GF-Ebene.
- Start mit Spirits (Werten) und Purpose.
- Selbstorganisation wurde im ganzen Bereich (tausend Mitarbeiter) gleichzeitig verkündet und gestartet.

- Fokus lag und liegt auf der persönlichen Entwicklung aller Akteure. So gibt es auch persönlich viel zu gewinnen, und nur sehr wenige Menschen sind auf dem Weg verloren gegangen.
- SG Bearings kommen aus einer Position des Erfolgs – sie konnten es sich leisten, zu investieren und auszuprobieren.

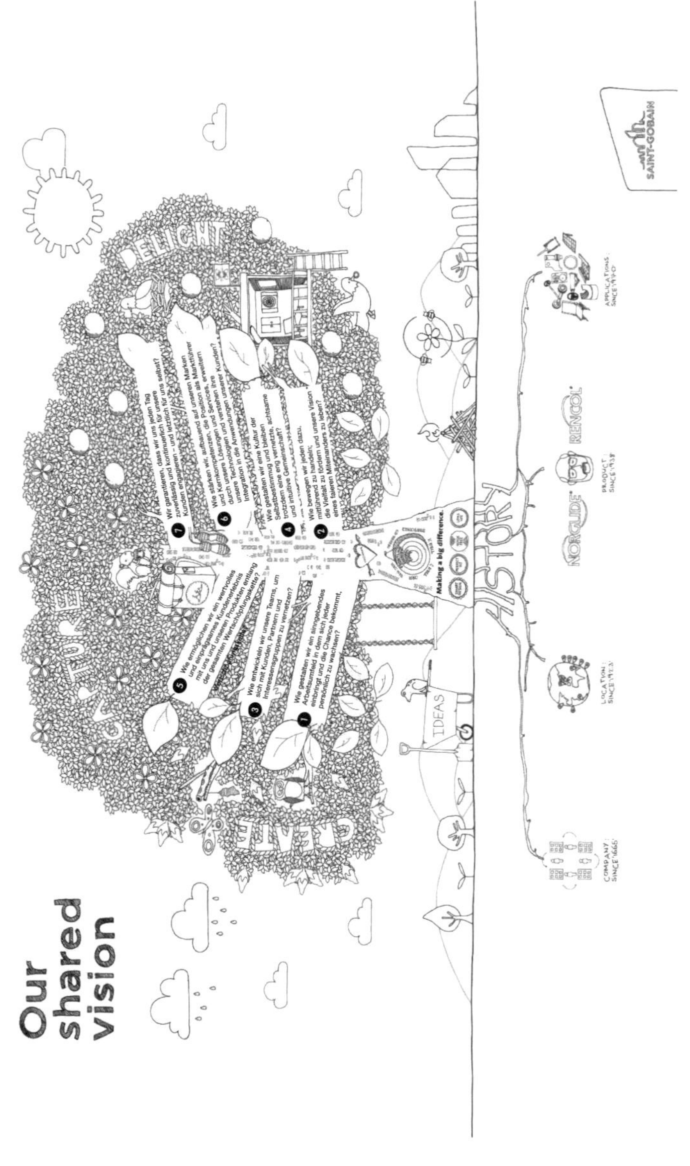

Audi Business Innovation GmbH – Safe enough to try?

Die Audi Business Innovation GmbH (ABI) wurde 2013 als 100-prozentige Tochtergesellschaft der Audi AG gegründet. Ihr Fokus liegt in der Entwicklung und Umsetzung von digitalen Konzepten und Produkten sowie in der Bereitstellung zuverlässiger IT-Plattformen für die Audi AG und den Volkswagen-Konzern. Mit spezifischen Kompetenzen und Methoden gestaltet die ABI die digitale Produktentwicklung der Audi AG mit.

Die ABI hat ca. 230 Mitarbeitende an drei Standorten in München. 2013 als hierarchische Organisation mit flachen Hierarchien gegründet, ist die ABI seit 2017 ein agil arbeitendes IT-Unternehmen, in dem 30 selbstorganisierte Teams mit unterschiedlichen fachlichen Schwerpunkten die digitalen Inhalte und IT-Plattformen der Audi AG entwickeln und betreiben.

Der Weg in die Selbstorganisation

Die ABI startete nach der Gründung im Jahr 2013 mit 60 Mitarbeitenden als hierarchische Organisation mit flachen Hierarchien und agilen Teams. Mit der ersten größeren Wachstumsphase wurde schnell klar: das Treffen von Entscheidungen dauert zu lange und die Struktur ist zu unflexibel. Geschäftsführung und Management entwickelten sich zum Bottleneck für wichtige und zeitkritische Entscheidungen und trugen so ungewollt zur Verlangsamung der Prozesse bei. Denn es mussten täglich Entscheidungen getroffen werden, die aufgrund ihrer Wertgrenzen oder Tragweite nach den Regularien der Audi AG vom Management getroffen werden müssen. Doch das erwies sich zunehmend als nicht praktikabel. Entscheidungen hingen am Management, aber das notwendige Wissen, um die Entscheidung gut zu treffen, fehlte oft. Die Folgen waren aufwendige Rückfragen, schriftliche Begründungen und Zeitverlust. *„Man hat sich in Schleifen gedreht"*, so die damalige Geschäftsführerin und nach eigener Aussage die Mitarbeiterin Nr. 0 der ABI. Es brauchte dringend eine Lösung, um Entscheidungen schneller und flexibler treffen zu können, und zwar von den Personen, die direkt an den Schnittstellen über die relevanten Informationen verfügen.

2016 tauchte in ersten Gesprächen der Begriff „Selbstorganisation" auf – als vage Idee, um Entscheidungen flexibler und zügiger zu treffen. Im Herbst 2016 kam aus einem Team die Initiative, sich mit dem Thema Selbstorganisation konkreter auseinanderzusetzen. Die Geschäftsführerin griff den Vorschlag gern auf. Alle Mitarbeitenden wurden eingeladen, dazu ihre Ideen einzubringen. Ein Organisationsentwicklungs-Team wurde gegründet, das den ersten konkreten Vorschlag für den ABI-Weg zur Selbstorganisation erarbeitete.

Als erster Schritt wurde gemeinsam mit einem externen Berater eine Teamschulung entwickelt. Dieses Schulungskonzept enthielt bereits alle Grundbausteine der Selbstorganisation und machte sie für die Teams direkt erlebbar:

- Purpose-orientiertes Arbeiten,
- rollenbasiertes Arbeiten mit Entscheidungsautonomie innerhalb der Rolle,
- spannungsbasiertes Arbeiten mit offener Agenda,
- Entscheiden im Konsentverfahren,
- Unterscheidung zwischen Arbeit *an* und Arbeit *in* der Organisation etc.

Anfang 2017 gab die Audi AG ein erstes, noch vorläufiges Okay, Selbstorganisation auszuprobieren. Der erste Prototyp dieser Schulung ging an den Start. Er wurde allen Teams angeboten. Die Teams, die wollten, konnten teilnehmen. Fünf Teams meldeten sich zur ersten Schulungsrunde an. Sie lernten die Selbstorganisation im Tun des eigenen Teams kennen und begannen direkt im Anschluss an das Training, sich rollenbasiert im Sinne der im Training entwickelten und gelernten Kriterien langfristig selbst zu organisieren. Der Start war gemacht.

Der Erfolg der ersten fünf Teams weckte weiteres Interesse, das in der Folge sukzessive weiter anwuchs. Nach sechsmonatiger Unterstützung durch einen externen Berater war das OE-Team in der Lage, die Schulung der Kolleginnen und Kollegen selbst zu übernehmen, die Teams zu begleiten, zu beobachten und neue Entwicklungen anzustoßen. Manche Teams setzten die Schulungsinhalte 1:1 um, andere, die schon zuvor agile Formen kannten, übernahmen nur Teile.

Der Start fand auf Teamebene statt: Aus einem Team kam der Startimpuls. Ein Team hat die Teamtrainings entwickelt. Teams konnten sich freiwillig und selbstbestimmt trainieren lassen und dann für sich entscheiden, selbstorganisiert zu starten. Erst in einem Folgeschritt wurde die gesamte Organisation und Führungsstruktur in ein neues selbstorganisiertes Set-up integriert.

In der ABI verbreiteten sich die Ideen und Methoden der Selbstorganisation über Schulungen. Mit diesem ausschließlich freiwilligen Angebot konnten sehr viele Teams erreicht werden.

Der ABI-Weg in die Selbstorganisation war der Ausgangspunkt für den Ansatz „The Loop Approach" von Sebastian Klein und Ben Hughes, ein Ansatz, Organisationen vom Team ausgehend zu transformieren. Die methodischen und theoretischen Grundlagen bilden Holacracy, Teal Organisations nach Laloux und der Ansatz der Gewaltfreien Kommunikation.

Die tägliche Arbeit in der Selbstorganisation

Die tägliche Arbeit (fachlich und an der Organisation) findet in einer interdisziplinären Kreisstruktur (Circles) statt. Diese haben einen gewählten Repräsentanten (Circle Guide) und eine von der Hierarchie bestimmte Leitungsperson (Circle-Pate).

Daneben gibt es Kompetenzcluster (Homebase). Hier sind die Experten eines jeden Themas zusammengefasst (Softwareentwickler:innen, Architekt:innen, Scrum Master etc.). Die Zugehörigkeit zu einem Kompetenzcluster ist durch die jeweils eigene Fachlichkeit festgelegt. Inhaltlich organisieren sich die Kompetenzcluster nach den gleichen Prinzipien wie die Circles selbst und dienen der fachlichen Entwicklung von Person und Fachgruppe. Hier werden zum Beispiel die Projektbesetzungen gemeinsam entschieden. Die Führungsrolle (Homebase Guide) wird gewählt.

Die disziplinäre Führung und Weisungsbefugnis liegt beim Advisor, den sich jeder Mitarbeitende der ABI selbst wählt. Der Advisor ist zuständig für die persönliche Entwicklung und Gehaltsfragen.

Alle Prinzipien und Abläufe sind in einem ABI OS (Organisationssystem, vergleichbar der Holacracy-Verfassung) festgelegt. Es wurde von der Geschäftsführung und den Führungsrollen entwickelt, vorgestellt und verabschiedet. Jeder konnte im Vorfeld mitmachen, mitreden und Vorschläge unterbreiten. Jetzt gibt es eine eigene verantwortliche Rolle, die Weiterentwicklung des ABI OS zu steuern. Auf die 10 Prinzipien des Organisationsprinzips wird oft verwiesen, sie haben eine Autorität entwickelt. Sie lauten:

Prinzip 1 – Sinnorientierung
Prinzip 2 – Stärkenorientierung
Prinzip 3 – Rollenorganisation
Prinzip 4 – Kompetenzbasierte Hierarchie
Prinzip 5 – Proposal Thinking
Prinzip 6 – Disagree & Commit
Prinzip 7 – Lernorientierung
Prinzip 8 – Transparenz
Prinzip 9 – Think big, start small
Prinzip 10 – User-Business-Fit

Eines der Grundprinzipien der Selbstorganisation ist Entscheidungsautonomie im Rahmen der Rollenzuständigkeit. Im Team wird konsequent im Konsentverfahren entschieden. Die Teams entscheiden, was sie in jedem Quartal tun, wie sie es tun, welche Technologie sie verwenden etc. Die resultierende Budgetplanung wird dem Circle-Paten vorgeschlagen. Über das Budget kann das Team nicht entscheiden.

Lesson Learned

Selbstorganisation funktioniert nur dann gut, wenn es eine klare gemeinsame Ausrichtung auf einen Purpose oder eine Mission gibt. Mission, Vision und Strategie wurden zuletzt hierarchisch entwickelt und entschieden – um die Teams zu entlasten und ihnen die notwendige Orientierung zu geben. Nachdem viele Workshops auf Teamebene mühsam verliefen und ergebnislos blieben, hat die Geschäftsführung gemeinsam mit ausgewählten Circle-Paten die Mission, Vision und Strategie neu ausgearbeitet, sie dann im ersten Schritt mit den anderen Führungsrollen diskutiert und den Mitarbeitern vorgestellt, als alles entschieden war. Dieser Prozess wurde allgemein akzeptiert, denn diese Klarheit war sehnlich erwartet worden.

Herausforderungen

Der Audi-Konzern als Kunde erwartet von den Paten hierarchische Entscheidungen und in Meetings Entscheidungskompetenz. Seitens des Konzerns führt es zu Irritationen, wenn die Führungskraft erst Rückfragen an das Team stellen muss. Daraus können an den Schnittstellen zum Konzern Probleme entstehen.

Das Erfolgsgeheimnis der Audi Business Innovation GmbH

- Wir haben mit denen gestartet, die Lust hatten – noch ganz ohne die Grundsatzentscheidung, die gesamte ABI in die Selbstorganisation zu überführen.
- Durch Schulungen sofort ins Tun und Erleben kommen.
- Starten im Kleinen, der Erfolg der ersten Teams war die Werbung.
- Der Start auf Teamebene ist möglich, es braucht aber eine:n mächtige:n Beschützer:in/Mentor:in (die:der dem Team vertraut und das Team gegen Widerstand von außen abschirmt).
- Es braucht ein Team für die Transformation (Menschen mit Zeit und Ressourcen).

Deutsche Telekom IT GmbH – vom Penner zum Renner

Bill Communication ist ein Teil der Deutschen Telekom IT GmbH, die wiederum ein Tochterunternehmen der Deutschen Telekom AG ist. Aufgabe der Deutschen Telekom IT GmbH ist es, die Rechnungen für alle Produkte der Deutschen Telekom AG zu den Kunden zu liefern. 80 Mitarbeiter:innen aus Hannover, Darmstadt, Bonn, Stuttgart und Budapest sorgen dafür, dass über 40 Millionen Rechnungen pro Monat über den Postweg, per E-Mail, Internetportal, App oder SMS zugestellt werden.

Seit Ende 2015 arbeitet der Bereich Bill Communication nach Prinzipien der Selbstorganisation. Holacracy ist das Basisbetriebssystem, Grundlage der Arbeitsorganisation ist eine holakratische Kreisstruktur, um die Arbeitsabläufe innerhalb der Teams zu gestalten und zwischen den Teams zu synchronisieren. Für weitere Abläufe in der IT-Entwicklung kommt in den Teams Scrum bzw. Kanban zum Einsatz.

Für den teamübergreifenden Arbeitsfluss ist ebenfalls ein Kanban-System im Einsatz.

Mit der Selbstorganisation wurde 2015 ein kontinuierlicher Reflexionsprozess etabliert, in dem über das Wie der Zusammenarbeit und Selbstorganisation gesprochen wird und entsprechende Anpassungen vereinbart werden. Dadurch hat sich der Bereich kontinuierlich weiterentwickelt. Orientierung für alle Entscheidungen bietet der gemeinsam entwickelte und formulierte Purpose: „Die zuverlässige Lieferung unserer Leistungen ist unsere Basis – das kreative Vordenken und die innovative Entwicklung neuer Lösungen sind unser Antrieb. Wir sind der agile Partner für unsere Fachseiten und treiben gemeinsam den Wandel für den Erfolg der Telekom, heute und in der Zukunft. Ein Team, in dem Menschen gestalten und sich weiterentwickeln."

Der Weg in die Selbstorganisation

Ausgangspunkt für diese grundlegende Veränderung war eine existenzielle Krise der Organisation Bill Communication: Es gab innerhalb der Deutschen Telekom Unzufriedenheit mit der Teamleistung und kein Vertrauen in die Leistungsfähigkeit. Das Team arbeitete zu langsam: Schon kleine Veränderungen wie ein neuer Geschäftsführername in der Rechnungsfußzeile dauerten teilweise mehrere Monate.

So fasste man den Beschluss, die Aufgabe der Rechnungserstellung an eine externe Dienstleistungsfirma zu vergeben und das bestehende Team organisatorisch abzuwickeln. Es folgte ein Anbietersichtungsverfahren ohne Beteiligung der betroffenen Organisation. Parallel suchte man für das Bill Presentment (der damalige Abteilungsname) eine neue Führungskraft, die die Abteilung abwickeln sollte. Doch in der Krise und im gemeinsamen Gespräch entstanden plötzlich neue Ideen und Impulse. Die damalige Führungskraft sagte uns gegenüber: „Ich erwartete eine Truppe von Low-Performern, doch stattdessen fand ich ein ganz normales Team eines großen Konzerns." Dieses Team war hoch frustriert, da es im Tagesgeschäft enger Vorgaben feststeckte und gar keine Zeit für Ideen oder Optimierung hatte. Eine notwendige Veränderung anzustoßen, bedeutete damals, etwas anderes nicht zu tun und ständig auf die Erlaubnis für die geplanten Veränderungen zu warten. Dadurch kam es zu einer Endlosspirale: Die Fachseite fand die Ergebnisse nicht ambitioniert genug, wogegen das IT-Team Bill Presentment keine Möglichkeit sah, ambitionierte Lösungen anzustoßen.

Nach einer Kennenlernphase und der Klärung der Ist-Situation traf das Team mit der neuen Führung die Entscheidung, dass sich etwas ändern muss. Gemeinsam entschied man, in den Ring zu steigen, sich an der Ausschreibung zu beteiligen und den Kampf um das eigene Überleben zu gewinnen. Es kostete ein wenig Überzeugungsarbeit in den Konzern hinein, dann gab die Fachseite ihr Einverständnis und die interne IT konnte sich mit einem eigenen Konzept an dem Pitch beteiligen.

In der ersten Runde sah die Fachseite konzeptionell zunächst zwei Anbieter vorn, beide mit agilen Ansätzen und auf Augenhöhe: das interne Team und einen externen Anbieter. Aufgrund der Kostenvorteile der internen IT entschied man sich zunächst für sechs Monate, mit Bill Presentment zu starten. Der Erfolg gab schließlich recht. Über Flexibilität, Innovationsfreude und kontinuierliche Lernprozesse wurden aus Monaten Jahre, sodass diese Organisationseinheit noch heute holakratisch organisiert und erfolgreich die Rechnungen der Deutschen Telekom erstellt.

Wie hat sich Bill Communication aufgestellt?

In dem Bereich der Rechnungserstellung der Deutschen Telekom war sehr hierarchisch und kleinteilig gearbeitet worden. Die Mitarbeitenden berichteten, dass die Arbeit in sehr kleine Schritte unterteilt und auf viele Prozessbeteiligte verteilt war. Dadurch entstanden lange und schwerfällige Kommunikationswege, in denen die Beteiligten den Gesamtprozess nicht überblickten. Der Zustand glich einer Stille-Post-Kommunikation, was durch eine Vielzahl von Dokumenten und Listen noch verstärkt wurde.

Ziel des Neubeginns war, eingefahrene Regeln, die die Prozesse verlangsamten, zu durchbrechen. Gesucht wurde eine Alternative zu dem klassischen Wasserfall-Prinzip: „Schütte oben (Entscheidergremium) viel rein, baue auf dem Weg viele Messstationen ein (Vorgaben, Formulare, Prüfverfahren), sodass nach 18+-Monaten unten aus der Blackbox noch etwas hoffentlich Brauchbares, dem Ursprungsvorschlag Ähnelndes herauskommt."

Der erste Schritt zum Ziel war, Gesprächs- und Entwicklungsphasen transparent zu gestalten und zu parallelisieren. Sie brachten von Anfang an möglichst viele Stakeholder an einen Tisch, um Projekte gemeinsam durch die Phasen zu steuern und frühzeitig erste Ergebnisse mit externen Kunden zu erproben. Aus 18+-Monaten sollten wenige Wochen werden, in denen neue Ideen mit Endkunden getestet werden können. Diese ersten Schritte wurden ohne externe Berater entwickelt. Sie folgten auch keinem Lehrbuch. Die Beteiligten nannten diese Phase der ersten neuen Prozesse „Water Scrum" – als Alternative zum Wasserfall-Prinzip.

Um sich als Organisationseinheit neu, flexibler und aktivierender zu organisieren, wurde eine funktionierende Alternative zum klassischen Abteilungsdenken gesucht. Dies führte zum ersten Kontakt mit Selbstorganisation. Theoretisch inspiriert vom Holacracy-Ansatz Brian Robertsons und auf der Basis eines Holacracy-Practitioner-Workshops, an dem vier Mitglieder des Führungsteams teilnahmen, wuchs die Überzeugung, ein Betriebssystem kennengelernt zu haben, mit dem sich Bill Communication selbst organisieren und flexibel und dezentral aufstellen kann.

Nur das Wie war immer noch nicht klar, denn Holacracy ist ein ziemlich umfängliches, in sich schlüssiges und abgestimmtes System, Arbeit zu organisieren. Man kann es nur schwer in kleinen Schritten einführen – Holacracy war im Verständnis der Akteur:innen eher Revolution als eine Abfolge kleiner Reformen. Die vier Teilnehmer waren überzeugt, dass es ohne weitere Qualifizierung und Begleitung nicht geht. Es folgte ein zweitägiger interner Workshop für alle Mitarbeiter:innen mit Führungsfunktion, in dem anhand der realen eigenen Themen rollenbasierte Selbstorganisation, spannungsorientierte Besprechungen und die Trennung von Arbeit *an* und Arbeit *in* der Organisation erlebt werden konnte. Aus zwei Tagen Workshop wurde eine sechsmonatige Testphase mit externen Berater:innen, die die Einführung von Holacracy unterstützten. Innerhalb dieser Testphase wurde die Organisations- und Arbeitslogik von Holacracy allen Teams als eine Möglichkeit der Selbstorganisation vorgestellt.

Nach der sechsmonatigen Testphase hat der damalige Leiter die Holacracy-Verfassung auf einem Launch Day öffentlich seine Macht als Leiter des Bereichs an die Organisation zurückgegeben. Damit gilt die ratifizierte Verfassungsversion von Holacracy. Sie wurde aus dem Regelwerk der Holacracy von Brian Robertson unverändert übernommen.

Innerhalb der folgenden zwei Jahre entschieden sich alle Teams von Bill Communication, auf Holacracy umzustellen – mit externer Unterstützung und einer viermonatigen Experimentierphase.

Unter anderem durch gläserne Meetings, in denen interne und externe Gäste die Arbeitsweise kennenlernen können, ist Bill Communication als eine selbstorganisierte, weitgehend holakratische Insel innerhalb der Telekom gut sichtbar. Eine Grundsatzentscheidung, sich so zu organisieren, gab und brauchte es dafür bisher nicht. Vielmehr wurde die Testphase immer weiter verlängert – bis heute.

Die größte Herausforderung bei der Einführung waren die Außenstandorte. Niemand konnte dort mit der Idee der Selbstorganisation etwas anfangen und mit Holacracy schon gar nicht. Im zweiten Jahr gelang es, an einem Außenstandort einen ersten Piloten zu vereinbaren. Einer unserer Interviewpartner formulierte es so: *„Das war ein halbes Wunder. Dazu noch die Situation, dass die ganze Organisation sich darauf eingelassen hat. Wir hatten eine Riesenchance, die haben wir genutzt"*.

Danach war es der Erfolg (sowohl die Ergebnisse als auch die Zufriedenheit der Mitarbeiter:innen), der dazu beitrug, dass sich Holacracy seit mehr als sechs Jahren in der Bill Communication etablierte.

Wie wird entschieden?

Grundsätzlich gilt in allen Governance-Meetings, in denen an der Organisation gearbeitet wird oder Aufgaben definiert werden, die holakratische Konsentmethode. Sie hat sich auch in anderen Bereichen und im Sprachgebrauch durchgesetzt. Fragen wie „Was brauchst du, um das zu entscheiden?" oder „Gibt es Einwände?" werden als so hilfreich erlebt, dass sie sich Stück für Stück auch in Projekt- oder Arbeitsgruppen durchsetzen, die heterogen mit Mitarbeitenden aus dem Gesamtkonzern besetzt sind.

In einzelnen Rollen gibt es viele hierarchische Entscheidungen, weil die Rolle die entsprechende Autorität hat. Abstimmungen (Mehrheitsentscheidungen) gibt es immer wieder mal, beispielsweise um in Workshops Themenschwerpunkte zu setzen. Aber die Konsentmethode aus den Governance-Meetings ist gesetzt, um den Veränderungsprozess kontinuierlich weiterzuführen.

Das Telekom-Erfolgsgeheimnis

- Der Start in der Not war günstig: Das Team hatte wenig zu verlieren und das Management niedrige Erwartungen. Da konnte man nur gewinnen.
- Freiwilligkeit. Es war von Anfang an ein freiwilliger Pilot, und jede:r hatte die Chance zu sagen: „Ich will das nicht mehr".
- Direkte Kommunikation: mit (internen) Kund:innen direkt reden und mit ihnen gemeinsam priorisieren.
- Nicht perfekt sein und sich die Möglichkeit geben, es morgen besser zu machen.
- Klein starten, mit ersten Reformen, hier die „Water Scrum"-Angebote. Der große Schritt zur Holacracy kam erst zwölf Monate später.
- Loslegen, ohne um Erlaubnis zu bitten: Erst einmal starten und den Umfang der organisationalen Umstrukturierung mit den ersten sichtbaren Erfolgen transparent machen. Zu Beginn muss die Führung die Teams in Richtung Mutterorganisation abschirmen und machen lassen. Für eine Genehmigung kommt die Zeit mit den ersten Erfolgen.
- Sprich nicht darüber, *wie* du dich organisierst (das weckt nur schlafende Hunde), sprich darüber, was *Neues* herauskommt (das interessiert und überzeugt).

dimeto GmbH – von der Erfindung zum Unternehmen

Der Anlass, die dimeto GmbH zu gründen, waren drei Erfindungen im Bereich der Wettermesstechnik, die die Hochschule für Technik und Wirtschaft des Saarlandes (htw saar) zum Patent angemeldet hatte. Mit der dimeto GmbH wollten die Gründer:innen innovative Messkonzepte für Hagel, Niederschläge und Nebel in Produkte umsetzen und auf den Markt bringen. Dies sollte ohne Fremdkapital geschehen.

Die Gründer:innen waren neun Privatpersonen: vier von htw Saar, drei von Kooperationspartnern der htw saar in der Schweiz, ein Rechtsanwalt als Gründungsgeschäftsführer sowie ein freiberuflicher Organisationsberater mit langjähriger Erfahrung in der technischen Entwicklung.

Mit einem Entwicklungsauftrag und einem bewilligten Forschungsprojekt startete die dimeto GmbH im Januar 2016 die operative Phase, im März übernahm der Organisationsentwickler unter den Gesellschaftern die Geschäftsführerfunktion in Teilzeit.

In den ersten Jahren wurden die Entwicklungsarbeiten mit zwei bis drei Vollzeitäquivalenten und zwei bis vier Studierenden der htw saar vorangetrieben. Sichtbarer Beleg dieser Arbeit ist der erfolgreiche Abschluss des Entwicklungsprojekts *Hagelsensor*. Der deutsche Kooperationspartner, der 2016 zu den Gesellschaftern hinzugestoßen ist, konnte im Herbst 2017 den weltersten Online-Hagelsensor auf den Markt zu bringen.

Mit der Produktion der Haqelsensoren wurde dimeto – wie von den Gründern geplant – zum technischen Servicedienstleister für Kleinserienfertigungen und konnte so neben der technischen Entwicklung ein zweites Standbein aufbauen.

Während im ersten Jahr die Arbeitsorte noch über mehrere Räume in Saarbrücken verteilt waren, konnte dimeto ab Februar 2017 eigene Räumlichkeiten im htw Gründerzentrum anmieten. Das ermöglichte eine deutlich engere Zusammenarbeit, was sowohl die Teamentwicklung und als auch Arbeitseffizienz voranbrachte.

Der Weg zur Organisation war der Weg in die Selbstorganisation

Durch die räumliche Nähe der dimeto-Mitarbeiter:innen und der Studierenden im htw Gründerzentrum konnte eine Kultur der Zusammenarbeit entwickelt werden, die sich durch kurze Kommunikationswege, einen geringen Anteil formalisierter Arbeit und einen hohen Anteil an Selbststeuerung bzw. Eigenverantwortlichkeit auszeichnet. Einer der Mitarbeiter führte eine SCRUM-ähnliche Methode ein, die sich schnell bewährt hat, um die Tätigkeiten für die verschiedenen Projekte zu steuern und auf Kurs zu halten. Bewährt haben sich auch die sogenannten dimeto-Teamtage, die mit allen Beteiligten mindestens einmal pro Jahr durchgeführt wurden.

Alle diese organisatorischen Maßnahmen zusammen trugen dazu bei, dass das junge Team eine sehr hohe Flexibilität *in* und *bei* der Bearbeitung von Entwicklungs- und Serviceaufträgen von Kunden an den Tag legen kann – was diese auch zu schätzen wissen. Typisch für ein Start-up, das von der Mitarbeit von Studierenden lebt, ist auch eine hohe Personalfluktuation. Das hat auf der einen Seite den Nachteil, dass Personen nur eine begrenzte Zeit verfügbar sind, auf der anderen Seite bietet sich so der Vorteil einer guten Auswahlmöglichkeit für Personal. Kooperationsbereitschaft bei gleichzeitiger hoher Selbstständigkeit und Experimentierfreude erwiesen sich als die entscheidenden Kriterien.

Nach fünf Jahren hat sich nun ein dimeto-Team mit drei Vollzeitmitarbeiter:innen gebildet, das die erforderlichen Kompetenzen für Entwicklung, Kleinserienproduktion und Service sehr gut abbildet und auch „gut miteinander kann". 2021 hat das Unternehmen die nächsten Entwicklungsschritte als Start-up-Organisation in Angriff genommen: Der Firmensitz wurde in passendere Räumlichkeiten nach Friedrichsthal im Norden von Saarbrücken verlegt und die Geschäftsführung übernahm derjenige private Gründungsgesellschafter der jungen Generation, der sich von Beginn durch sein sehr hohes Engagement und seine Know-how-Träger-Funktion in den Projekten auszeichnete, und im Saarland sehr gut vernetzt ist.

Weil dimeto ohne Fremdkapital auskommen und die Hürden der technischen Entwicklung meistern musste, war das Wachstum des Unternehmens in den ersten Jahren begrenzt. Zugleich führte dies zu einer verlängerten Gründungsphase, in der nicht nur passende Teammitglieder gefunden werden, sondern sich auch das dimeto-Team finden musste. Erst danach konnte unternehmerisches Wachstum einsetzen.

Die Zusammenarbeit an einem Ort war ein entscheidender Entwicklungsschritt und eine zentrale Voraussetzung für die technische Entwicklungsarbeit. Das ist vom Homeoffice aus nicht möglich.

Von Kolleg:innen, die nicht ins Team passen, konnte man sich rechtzeitig trennen. Diese Entscheidungen wurden nicht vom Team getroffen, sondern vom damaligen Geschäftsführer.

Die Formen und die Gestaltung der Zusammenarbeit sowie der Arbeitsprozesse, beispielsweise die Dokumentation und Qualitätssicherung, wurden von der Geschäftsführung initiiert bzw. gesteuert und von den Beteiligten Schritt für Schritt für die konkreten Unternehmenszwecke realisiert. Neben ihren fachlichen Aufgaben waren somit alle Mitarbeitenden von Anfang an in die Fragestellungen des Organisierens und der Gestaltung von Unternehmensabläufen wie etwa Abrechnung, Qualitätssicherung und Arbeitssicherheit involviert.

Das Unternehmensziel der dimeto GmbH ist klar sachorientiert. Das Start-up hat wenige Mitarbeiter:innen, sodass es von diesen stark geprägt wird. In solch kleinen, eher personenorientierten Systemen ist niemand leicht ersetzbar.

Lilly Deutschland GmbH – frei und ungebunden

Die Lilly Deutschland GmbH ist die deutsche Tochter von Eli Lilly and Company, einem der weltweit größten Pharmakonzerne mit Sitz in Indianapolis, USA. Lilly Deutschland hat ca. 850 Mitarbeiter:innen am Hauptstandort Bad Homburg und im Außendienst.

Im Rahmen eines Transformationsprozesses (zu dem alle Mitarbeitenden eingeladen waren mitzuwirken) formulierte Lilly die Vision, „das menschlichste und kundenorientierteste Unternehmen der Branche zu sein".[1] Dieser Transformationsprozess war gleichzeitig der Startpunkt für die selbstorganisierten Teams, die parallel zur Linienorganisation und Linienfunktion arbeiten. Es steht jedem Mitarbeiter jederzeit offen, ein selbstorganisiertes Team mit Gleichgesinnten zu gründen oder einem bestehenden Team beizutreten. Einzige Voraussetzung ist, dass Thema und Ziel im Einklang mit der neuen Vision sind.

Selbstorganisation findet bei Lilly auf Teamebene statt (oder auf individueller Ebene bspw. im Rahmen von Weiterbildungen). Zurzeit gibt es etwa 40 selbstorganisierte Teams (SOT), in denen sich über hundert Mitarbeitende engagieren.

Lilly Deutschland ist einerseits ein klassisch hierarchisch organisiertes Pharmaunternehmen in einer stark regulierten Branche. Andererseits gilt es, zahlreiche gesellschaftliche Aufbrüche, Initiativen und Transformationsbewegungen aufzunehmen:

- Selbstorganisierte Teams (SOT).
- Gemeinwohlbilanz (2019 erstellte ein 50-köpfiges SOT Lillys erste Gemeinwohlbilanz, die Anfang 2020 zertifiziert wurde. Die Zertifizierung der zweiten Bilanz wird Anfang 2022 erwartet).
- Partner im Augenhöhe-Netzwerk.

Der Weg in die Selbstorganisation

Die neu formulierte Vision verlangte nach Ideen und einer Antwort auf die Fragen, wie und wodurch man das menschlichste und kundenfreundlichste Pharmaunternehmen wird. Dieser Aufbruch wurde von den Verantwortlichen genutzt, Selbstorganisation als Thema und Arbeitsform in die Organisation einzubringen.

[1] Die Vision wurde mittlerweile weiterentwickelt und lautete während des Schreibens an diesem Buch: „Wir haben den größtmöglichen Einfluss auf die Gesundheit in Deutschland, Österreich und der Schweiz, weil wir das menschlichste und kundenorienterteste Pharmaunternehmen sind."

Der erste Impuls zu selbstorganisierten Teams entstand 2016, als die Personalstrategie auf die neue Vision auszurichten war. Erster Ideengeber war das Filmprojekt Augenhöhe (siehe Kapitel 2). Alle Mitarbeiter wurden zu internen Augenhöhe & Popcorn Sessions eingeladen, in denen die Filme gezeigt und diskutiert wurden. Eine kleine Gruppe aus der Personal- und Organisationsentwicklung reiste zu den Augenhöhe-Netzwerkveranstaltungen, suchte den kollegialen Austausch zu den beteiligten Organisationen und wählte schließlich für Lilly einen niedrigschwelligen selbstorganisierten Einstieg in die selbstorganisierte Teamarbeit.

2016 wurden alle Mitarbeiter:innen zu einem Workshop zur neuen Personalstrategie eingeladen. Die Beteiligung war mit 200 Mitarbeiter:innen sehr hoch und das Ergebnis der Veranstaltung eine bunte Sammlung an Themen, Ideen und Impulsen. Ewa 160 Personen hatten im Anschluss Interesse, daran weiterzuarbeiten. Die Initiator:innen der Veranstaltung nahmen sich selbst beim Wort und beschlossen, es der Selbstorganisation zu überlassen, welche Themen von wem aufgegriffen und wie weiterbearbeitet wurden. Es gab ein Mailing an alle Mitarbeiter:innen, in dem diese Themen vorgestellt und sie eingeladen wurden, Themen ihres Interesses auszuwählen, dazu Bearbeitungsteams zu gründen, um arbeitsfähig zu werden und loszulegen. Erstmals in der Geschichte von Lilly (und vermutlich der meisten Unternehmen) wurde keines der Themen delegiert – egal wie wichtig oder strategisch es war. Niemandem wurde die Verantwortung aktiv übertragen. Nichts wurde vereinbart. Die Organisator:innen mussten darauf vertrauen, dass etwas Konstruktives passieren würde. „Natürlich waren wir alle sehr gespannt, ob Interesse und Energie da waren und sich erste selbstorganisierte Teams gründen würden. Es war eine für die gesamte Organisation ungewohnte Situation. Wir waren sehr erleichtert, als sich dann die ersten vier selbstorganisierten Teams gründeten und an die Arbeit machten."

Der Start war gemacht, die Teams legten los, doch alsbald zeigte sich, dass auch selbstorganisierte Teams einen Rahmen, eine Einbindung und Kommunikationskanäle nach außen brauchen. Daraufhin begannen vier Teams mit unterschiedlichen thematischen Foki, nach Lösungen für diese

Herausforderungen zu suchen. Die ersten vier Themen waren: Young People Development, Führung, Prämien, Weiterentwicklung & Karriere. Es zeigen sich erste Stolpersteine der Selbstorganisation. Alle Beteiligten suchten gemeinsam nach Lösungen für die Schwierigkeiten, die in der Praxis deutlich wurden:

- So gründete sich ein selbstorganisiertes Team zur Frage: „Wie funktioniert Selbstorganisation bei Lilly?". Dieses Team entwickelte Leitlinien und Arbeitsfragen, an denen sich alle Gründer:innen weiterer Teams orientieren können, aber nicht müssen (bspw.: „Habe ich mich mit allen betroffenen Kolleginnen und Kollegen abgestimmt bzw. ihnen eine faire Chance gegeben, ihr Bedenken zu äußern oder Vorschläge einzubringen?"). Die damals entwickelten Leitlinien werden heute noch genutzt. Nach getaner Arbeit löste sich das Team wieder auf.
- Teams brauchen Zugang zu relevanten Entscheider:innen. Ein Sponsorsystem wurde eingeführt. Jedes Team kann sich in der Hierarchie der Organisation einen Sponsor wählen, der dessen Belange in die Führungskreise hinein vertritt.
- Die Teams werden mehr und sichtbarer, Mitglieder der Geschäftsführung sind eingebunden, es findet Vernetzung zwischen den SOTs statt. Neue Wege für Wissen, Kommunikation und Kooperation entstehen.
- Stück für Stück wird diese Erfahrung nach Österreich und in die Schweiz exportiert, ein erstes Globales SOT ist entstanden.

Lillys Weg war die Etablierung eines Netzwerks von SOT-Initiativen parallel zur Linienorganisation. Dabei beeinflussen die SOTs die Linienorganisation: die steten kleinen Tropfen selbstorganisierter, hierarchieferner Arbeitserfahrungen werden in die Linienarbeit getragen. Diese Parallelwelt gelingt erstaunlich gut, scheint aus dieser Struktur aber langsam hinauszuwachsen.

Der Weg ist gekennzeichnet durch die absolute Freiheit, die diese Teams genießen. Dadurch, dass sie neben und zusätzlich zur täglichen Arbeit stattfinden, kann diesen Teams niemand etwas vorschreiben, niemand kann Themen diktieren oder inhaltlich Einfluss nehmen. Die Teams sind ausschließlich von den Interessen und der wahrgenommenen Dringlichkeit der Mitglieder geleitet. Das gibt ihnen große Wirkung. So konnte sich ein Team zur Gemeinwohlökonomie bilden, Vorschläge ausarbeiten und Expertise aufbauen, ohne vorher auf eine Entscheidung einer Geschäftsführung warten zu müssen.

Lilly hat ganz auf kollegialen Austausch und gemeinsames Lernen gesetzt. Die Selbstorganisation wurde ohne externe Berater:innen eingeführt.

Diese Freiheit zeigt gleichzeitig die Grenzen des Systems auf. Wenn Mitarbeiter:innen Aufgaben übernehmen, die einen zusätzlichen und freiwilligen Zeitaufwand darstellen, kann ihnen keiner reinreden – das bedeutet Freiheitsgrade für die Selbstorganisation. Gleichzeitig ist es auch nicht möglich, zeitliche Vorgaben zu machen. Bei Stress in der Kernaufgabe verlangsamt sich die Arbeit im SOT oder das Engagement setzt zeitweilig ganz aus. Jeder kann immer alles absagen, wenn die Kernaufgabe es fordert. Ohne verhandelbares Zeitbudget für die SOTs muss das Engagement anderweitig lohnend sein, zum Beispiel über die Ergebnisse oder über das Netzwerk, das entsteht.

Das System der selbstorganisierten Teams hat kein festes vereinbartes Regelwerk. Bis heute sind ausschließlich Vorschläge (Leitlinien und -fragen für SO-Teams) und Möglichkeiten (Sponsorprinzip) ergänzt worden. Ebenso wenig gibt es festgelegte Entscheidungsformate oder Vorschläge zum Umgang mit Macht und Führung. Viele Teams entscheiden im Konsensverfahren. Es wird gesprochen, bis sich alle einig sind. Das stärkt das Wir-Gefühl der Teams, ist aber zeitaufwendig und daher wenig einladend, zügig viele Entscheidungen zu treffen.

In den „Leitlinien für Selbstorganisierte Teams" wird das Prinzip vorgeschlagen: „Bei Anfragen in die Gruppe gilt: Schweigen ist Zustimmung". Inwieweit diese Regel praktiziert wird und ob sie praktikabel ist, ist nicht bekannt.

Selbstorganisation hat sich etabliert: „Als wir das Augenhöhe-Netzwerk kennengelernt haben, sind wir zu den Firmen gefahren und haben gefragt: ‚Wie macht ihr es?' Seit 2018 nun kommen Partner:innen zu uns und fragen: ‚Wie macht ihr es?'. Das ist eine tolle Bestätigung." Neben den Augenhöhe-Filmen war das Buch „Reinventing Organizations" von Frederic Laloux ein wichtiger Ideengeber.

Die größten Herausforderungen im Hier und Jetzt

1. **Integration** der positiven Erfahrungen und Kompetenzentwicklung in den SOTs in die bestehende Linienorganisation. Wenn die SOTs agil und auf Augenhöhe funktionieren, wünschen sich Mitarbeiter diese Art der Kooperation auch im Kerngeschäft.
2. **Zeitmanagement** ist für einige Mitarbeiter:innen ein wichtiges Thema, da sie ja auch noch ihre Linienaufgaben haben. Gleichzeitig bearbeiten die Teams Themen, die für die Organisation relevant sind. Da kann eine Schieflage entstehen. Wie können die Mitarbeiter:innen in den SOTs hinsichtlich Zeitaufwand unterstützt werden, ohne die Freiheit der SOTs einzuschränken?
3. **Wissensmanagement** braucht Systematik, Struktur und Kommunikation zwischen den Teams. Die Teams gründen sich, arbeiten aber themenzentriert, autonom und selbstreferentiell. Daher werden im Moment Lösungen erarbeitet, wie
   - Kommunikation zwischen den Teams gestaltet und
   - Kommunikation der Ergebnisse in die Organisation kanalisiert werden kann. Wie können wir sicherstellen, dass das, was von SOTs entwickelt wurde, zur richtigen Zeit beim richtigen Empfänger ankommt?

Das Erfolgsgeheimnis von Lilly

- Die SOT arbeiten an der Arbeitsfähigkeit der Organisation.
- Da so viele Mitarbeitende beteiligt sind, schwappen Kooperationserfahrungen in die Organisation und fordern auch die Linienführung heraus bzw. verändern sie.
- Der Start war eine einfache Einladung, etwas zu *tun*. Dazu braucht es keine strategische Grundsatzentscheidung.
- Auch heute noch kann jeder zu jedem Thema ein SOT gründen.
- Niemand ist zu irgendetwas verpflichtet, Mitarbeit in einem selbstorganisierten Team ist eine Zusatzaufgabe. Wer dabei ist, will dabei sein.

Gemeinsamkeiten auf dem Weg in die Selbstorganisation

Bei aller Unterschiedlichkeit weist der Weg in die Selbstorganisation und das Überleben in der Selbstorganisation einige Gemeinsamkeiten auf.

Der Startimpuls kam in allen vier Unternehmen aus der Mitte der Organisation. Es war möglich und wohl auch notwendig, erste Schritte zu gehen, ohne von vornherein eine grundsätzliche Entscheidung zur Selbstorganisation auf Leitungsebene einzuholen. Der Start war aus diversen hierarchischen und fachlichen Positionen möglich. Statt einer Grundsatzentscheidung auf oberster Managementebene, gab es in der Mitte der Organisation einflussreiche Entscheider:innen, denen es möglich war, den Teams und Organisationseinheiten, die in die Selbstorganisation starteten, einen Freiraum zu geben, sich auszuprobieren. Als entscheidend für den Erfolg bezeichneten alle vier Unternehmen den Weg, die Teams eine ganze Weile nach außen abzuschirmen. Sie brauchen einen Schutzschirm, um Raum zu haben, Neues zu erproben, Fehler zu machen, Ideen zu testen und zu verwerfen und gemeinsam zu lernen. Erst nach inhaltlichen Erfolgen und nachdem sich in der Selbstorganisation eine gewisse Struktur entwickelt hatte, traten die Organisationseinheiten und Teams aus dem Schatten ins Licht. Mit inhaltlichen Erfolgen und dem Fokus auf das, *was* getan wird, gelang es dann für das *Wie* (Selbstorganisation, Holacracy, New Work, agiles Arbeiten) Unterstützung auf oberster Ebene zu bekommen.

Eine zweite bedeutsame Gemeinsamkeit aller Organisationen ist Freiwilligkeit: In allen Beispielen war die Selbstorganisation ein Angebot an die Teams. Es war verknüpft mit der Frage: „Wollt ihr?" In keinem der beteiligten Unternehmen wurde die Selbstorganisation ausgerollt oder übergestülpt. Freiwilligkeit war der Schlüssel, um in kurzer Zeit enorme Veränderungsprozesse zu ermöglichen. Tatsächlich haben sich hier Konzernteile in einer Geschwindigkeit nachhaltig verändert, wie wir es in verordneten Change-Prozessen nur selten gesehen haben. Wenn der Widerstand gegen das, was fremd und „von oben" verordnet wird, wegfallen kann, geht die ganze Energie und Aufmerksamkeit in die Veränderung.

Doch weder inhaltliche Erfolge noch zufriedene Mitarbeiter und Kunden sind eine Sicherheit dafür, dass es mit der Selbstorganisation so weitergeht. Unsere Gesprächspartner machten eher die Erfahrung, dass, wenn es gut läuft und die Selbstorganisation der jeweiligen Organisationseinheit in den Konzern hineinwirkt und Neugierde erzeugt, die Nervosität und der Wunsch nach Kontrolle seitens des Managements steigen. Gerade Erfolg kann dazu führen, dass der Konzern seine Arme ausfährt und versucht, das, was da entstanden ist, funktioniert und attraktiv erscheint, zu kontrollieren und zu regulieren. In diesem Fall benötigen die Teams gute Fürsprecher, eine Verteidigung der Grenzen, generell viel Kommunikation in Richtung Konzern. „Da würde ich mir wünschen, dass wir gefragt werden, wie wir es machen. Dass die Leute kommen und es sich anschauen. Aber sie entwickeln lieber was Neues, dem wir uns dann unterordnen müssen."

Nach einem Jahr haben wir alle unsere Gesprächspartner nach ihrer aktuellen Situation in der Organisation gefragt. Nach erfolgreichen Aufbrüchen erlebten sie einige Rückschläge. Was, so vermuten sie, wohl auch daran liegt, dass das Thema plötzlich groß und in aller Munde ist. Als Pioniere in der Selbstorganisation durften die Teams einfach loslegen. Es ging auch darum, für den Konzern erste Erfahrungen zu sammeln. In Konzernen ist viel möglich. Und doch scheint eine Konzernlogik mit dezentralen, flexiblen selbstorganisierten Prozessen nur schwer umgehen zu können. Wenn einige Organisationseinheiten selbstorganisiert arbeiten, aber im Konzern eingebunden bleiben, dann ist es eine permanente Aufgabe, das selbstorganisierte Arbeiten zu erklären und zu verteidigen.

3.2 Inspiration und Modelle auf dem Weg in die Selbstorganisation: Teamarbeit in den Ansätzen der neuen Arbeitswelt

In diesem Abschnitt schauen wir auf das Team in New Work und dabei insbesondere auf die Konzepte, die sich für die Organisationen in unserer Studie als relevant erwiesen haben. Es handelt sich hierbei weder um einen systematischen Überblick, was heute unter New Work verstanden wird, noch um eine Anleitung, wie man dahin kommt. Für beides gibt es zahlreiche gute Einführungen.[2] Wir führen nachfolgend in die Begriffe ein, die für die teilnehmenden Organisationen Relevanz haben. Am Ende stellen wir einige spezifische Methoden vor, an denen sich unsere Teams bei der Gestaltung ihrer Zusammenarbeit orientieren.

New Work gilt als Oberbegriff für zahlreiche Veränderungen der Arbeits- und Organisationswelt, die die Prinzipien des Agilen Manifests weitgehend aufnehmen und Konzepte von Selbstorganisation, Selbststeuerung und Selbstwirksamkeit aufgreifen. Der Begriff „New Work" geht auf den 2021 verstorbenen Philosophen Frithjof Bergmann zurück, der darunter Arbeit verstand, die man „wirklich, wirklich tun will" und die entstehen kann, wenn wir bei der Arbeit und im Leben den Weg gehen, auf dem „gute, lebendige Energie"[3] entsteht. Bergmann spannt den Bogen von der Arbeits- und Lebenskultur zum Individuum. Die Selbstwirksamkeit des Einzelnen ist bei ihm ein wichtiges Prinzip. Wir fragen in diesem Abschnitt nach dem Teamverständnis, das den Ansätzen unserer Teams zu Grunde liegt und betrachten das Team als Bindeglied zwischen Organisation und Individuum.

Holacracy

Holacracy ist eine Organisationslogik, die sich mindestens auf einen Organisationsbereich bezieht, im Grunde aber die gesamte Organisation im Auge hat. Ein einzelnes Team

[2] Allmers et al., 2022; Pircher, 2018; Oestereich & Schröder, 2019; Väth, 2016.
[3] Bergmann, 2004.

kann für sich allein nicht holakratisch arbeiten, denn die Holacracy regelt zentral die Kooperation zwischen den Teams und dem Außen.

Den Begriff „Team" kennt Holacracy nicht. Hier wird von Kreisen gesprochen. Doch diese Kreise spielen eine zentrale Rolle. Holacracy geht auf die Soziokratie zurück, wurde von dem amerikanischen Unternehmer Brian Robertson entwickelt und ist ein umfassendes Regelwerk für Netzwerke, Organisationen, Konzerne. In einer holakratischen Organisation gibt die Führung Macht und Entscheidungshoheit an die sogenannte Verfassung ab. Mitarbeiter:innen können sich auf die dort festgeschriebenen Rechte, Pflichten, Verfahren berufen.

> Das Regelwerk ersetzt Macht und Kontrolle durch umfassende Transparenz. Transparenz ist das zentrale Gestaltungsprinzip von Holacracy.

Die Verfassung regelt partizipative, dezentrale Entscheidungsstrukturen und Entscheidungsverfahren, Orientierung am Unternehmenszweck (Purpose), maximale, nur dem Purpose verpflichtete Selbstbestimmung über das eigene Handeln, eine Parallelisierung von Arbeit *in* der Organisation (*Produkt*) und Arbeit *an* der Organisation (*Organisationsentwicklung*). Für jede Verantwortung werden Rollen definiert, die jemand übernimmt. Zentrales Entscheidungsprinzip ist der Konsent mit Einwandintegration (3.3 Entscheiden in der Selbstorganisation). Die Gesamtorganisation ist eine Kreisstruktur aus über- und untergeordneten Kreisen mit einer Führungslogik von oben nach unten (der übergeordnete Kreis benennt einen Lead Link im untergeordneten Kreis) und einer Repräsentations- und Mitsprachelogik von unten nach oben (der untergeordnete Kreis entsendet einen Rep Link in den übergeordneten Kreis). Das soll maximale Transparenz und Durchlässigkeit von Informationen gewährleisten.

Jeder Kreis (die Teamebene) enthält mit dem Lead Link eine benannte Führungsrolle, doch diese Rolle hat keine klassische Führungs- und Entscheidungsbefugnis im Team.

Das Team organisiert sich selbst und kann und muss dabei auf ein festes Set an Steuerungs-, Besprechungs- und Entscheidungsmethoden zurückgreifen. Es gibt feste Besprechungsformate, die entweder die Arbeit am Produkt (Tactical Meeting) oder die Arbeit an der Organisation (Governance Meeting) regeln. Zudem gibt es feste Rollen, die in diesen Meetings Aufgaben für den Ablauf übernehmen, wie den Facilitator, der durch das Meeting führt oder den Secretary, der für die transparente Dokumentation aller Entscheidungen des Meetings sorgt. Die Meetingdokumentation ist – im Sinne des Transparenzprinzips – für die Gesamtorganisation einsehbar.

Alle Kreise auf allen Ebenen arbeiten sowohl an ihrer Organisationsaufgabe (dem Produkt), als auch an der Entwicklung der Organisation (Arbeit an der Organisation, z.B. die Entwicklung neuer Funktionen, Rollen genannt, und Zuständigkeiten). So wird in Besprechungen in einem Check-in und Check-out explizit gefragt, wie es um die aktuelle Zusammenarbeit steht. Konflikte, Schwierigkeiten oder Probleme jeglicher Art, die die Zusammenarbeit oder eine Person betreffen, werden als „Spannungen" bezeichnet. Diese werden von einer Person in Besprechungen eingebracht und auf diese Person bezogen besprochen und bearbeitet. Für die Bearbeitung von Spannungen gibt es feste Besprechungsabläufe. Ist eine Spannung besprochen, kann die nächste eingebracht werden. Eine Spannung, ein Konflikt ist immer die Spannung der Person, die sie einbringt. Die starke Individualisierung dieser Spannungen, macht sie für die Teams leichter besprechbar. Gleichzeitig steigt die Gefahr, der Komplexität von Konflikten und Problemen nicht gerecht zu werden.

Der Kreis (das Team) kommt als eigenständiges WIR in diesen Besprechungsformaten nicht vor. Vielmehr ist die Annahme, dass die klaren und sehr detaillierten Methoden dazu führen, dass sich die Zusammenarbeit personenunabhängig immer ähnlich gestaltet und anfühlt. Ein mögliches Eigenleben des Teams und seine Auswirkungen auf die Arbeit sind in dem Konzept wenig berücksichtigt.

Das Regelwerk soll zur Vereinheitlichung beitragen. Auch wenn das System Holacracy von Brian Robertson als Organisationssystem entwickelt wurde, arbeiteten in unserer Studie jeweils Bereiche oder Tochterunternehmen nach Holacracy und nicht die Gesamtkonzerne.[4]

Reinventing Organisations und die Augenhöhe-Filme

2014 hat der ehemalige McKinsey-Berater Frédéric Laloux sein Buch „Reinventing Organisations" veröffentlicht. Im Januar 2015 erschien der erste Film des Augenhöhe-Teams um Silke Luinstra, Daniel Treben und Philipp Hansen. Beide (Frédéric Laloux weltweit, das Augenhöhe-Team vorwiegend im deutschsprachigen Raum) waren losgezogen, um Unternehmen zu suchen, die neue Wege gehen, Alternativen zu Hierarchie und Kontrolle erproben, die vieles anders und manches besser machen wollen. Der Autor und das Filmteam wussten am Anfang nicht genau, was sie suchten. Geleitet hat sie die Frage, wie es aussieht und was konkret passiert, wenn sich Organisationen aufmachen, neue Wege zu gehen und die Werte einer neuen Arbeitswelt im 21. Jahrhundert umsetzen. Entstanden sind zwei sehr unterschiedliche Sammlungen an Beobachtungen, die für die Organisationen unserer Studie inspirierend, ermutigend und richtungweisend waren. Gesucht und gefunden wurden *Organisationen*, das Team stand nicht im Fokus. Doch das Team ist das, was man sieht, wenn man eine Organisation beobachtet. Die ganze Organisation kann man nur bei sehr kleinen Organisationen beobachten. Insbesondere die Augenhöhe-Filme zeigen viele Teambesprechungen, Teamszenen, Teamentscheidungen – in der berechtigten Annahme, dass die einzelnen Teams auch für das Ganze stehen. Man kann vieles beobachten, was wir im Laufe der Studie auch beschreiben. Viele Teams sitzen im Kreis, es gibt Gespräche und Meetings nach Regeln, die eine möglichst gleichberechtigte Teilnahme ermöglichen, es geht um Fragen der Zugehörigkeit, der Entscheidungsfindung, wie viel Unterschiedlichkeit man aushält. Auch Frédéric Laloux

[4] Robertson, 2016. Umfassendes deutschsprachiges Material und Einführungen gibt es auch unter www.dwarfsandgiants.org.

hat viele Teams beobachtet. Am Ende seiner dreijährigen Forschungsreise durch 32 Organisationen beschreibt er drei zentrale „Durchbrüche", die diese sich neu erfindenden Organisationen ausmachen.

Die drei „Durchbrüche" nach Fréderic Laloux

- **Ganzheit** – als Person mit Gefühlen, Wünschen, einer Geschichte in der Organisation einen Platz zu finden.
- **Selbststeuerung** im Zusammenspiel zwischen Team und Organisation.
- **Evolutionary Purpose** oder sinnstiftende Zwecke der Organisation und des eigenen Tuns.

Diese drei Durchbrüche werden nicht explizit für die Teaminteraktion beschrieben, beziehen sich aber auch auf Teams. Die Idee der Ganzheit bedeutet auf der Ebene des Teams, dass diese ihre Mitglieder nicht nur als Rollenträger:innen sehen und integrieren wollen, sondern viel umfassender als Menschen. Selbststeuerung findet auch auf Teamebene statt. Der Unternehmenszweck (Purpose), der der gemeinsamen Arbeit den Sinn verleiht und dem sich die Einzelnen anschließen können, wird bei Laloux als das entscheidende Bindeglied zwischen Person und Organisation beschrieben. Der Purpose hat für die Teams, mit denen wir gesprochen haben, eine zentrale richtungsweisende und verbindende Bedeutung. Insbesondere für die Teams, die in einem holakratischen Regelwerk arbeiteten, war der Purpose eine zentrale Richtgröße.

In unseren Interviews gab es viele Bezüge zu den Augenhöhe-Filmen und den Konzepten von Laloux. Beide Arbeiten[5] waren inspirierend und wegweisend und auch für die Teams modellbildend, obwohl Laloux und das Augenhöhe-Team keine eigenen Teamkonzepte entwickelt haben.

[5] Die Augenhöhe-Filme sind für nicht kommerzielle Zwecke frei verfügbar: www.augenhoehe-film.de. Die deutsche Ausgabe von Frederic Laloux' erstem Buch liegt seit 2015 vor.

Agile Arbeitsformen und Scrum

Agile Arbeitsformen beziehen sich direkt auf das Team, ursprünglich auf Projektteams der Softwareentwicklung. Es gibt nicht zwingend einen konzeptionellen Überbau, der die ganze Organisation betrifft. Vielmehr handelt es sich um konkrete Methoden und Regeln, nach denen man die Arbeit, insbesondere die Teamarbeit, gestalten kann.

Agile Teams gibt es in den unterschiedlichsten Organisationslogiken. Wir haben in unserer Studie Scrum-Teams (als einen Prototyp des Agilen Arbeitens) in einer holakratischen Organisation, eines in einem Start-up mit klassischer Geschäftsführung und ein Scrum-Team, das sich in der klassischen Hierarchie formte und nahezu unverändert blieb, als sich die umgebende Organisation nach holakratischen Prinzipien neu aufstellte, beobachtet. Agile Teams können zwar in jeder Organisationslogik vorkommen, kritisch wird es dann, wenn die Kultur der Gesamtorganisation nicht zu den agilen Werten passt. Agil bedeutet hier, dass Änderungen und Veränderungen als Normalfall gelten.

> Agile Arbeitsformen gibt es viele. Immer geht es um das Team, fast immer um Transparenz und oft um Selbststeuerung und Reflexionsschleifen.[6]

Scrum

Mitte der 1990er-Jahre entwickelten Jeff Sutherland und Ken Schwaber mit dem Scrum Framework eines der ersten und sicher das einflussreichste Konzept für die Umsetzung agiler Arbeitsformen auf Teamebene. Scrum lebt, was es predigt: Der aktuelle, frei zugängliche Scrum Guide von 2020 umfasst in der englischen Version lediglich zehn Seiten erklärenden Text. Die wichtigsten Aspekte, wenn man von Scrum spricht, sind:

- Das Scrum-Team besteht aus Entwickler:innen, dem Scrum Master und dem Product Owner. Das Team steht in einem engen und kontinuierlichen Austausch mit sei-

[6] Brinkmann/Lang. 2018.

nen Stakeholdern (Auftraggebern), die die Ergebnisse der Zwischenschritte ausprobieren, beurteilen und Rückmeldung geben.

- Prozess- und Produktverantwortung sind aufgeteilt auf die Rollen Scrum Master und Product Owner.
- Der:die Product Owner ist verantwortlich für die inhaltlichen Aufgaben, alles, was für die Zielerreichung zu tun ist (den Backlog = die gewichtete Liste aller Dinge, die zur Produktentwicklung oder Produktverbesserung notwendig sind).
- Der:die Scrum Master gestaltet den Rahmen, innerhalb dessen in einem transparenten Prozess die Phasen „Entwickeln“, „Prüfen“, „Anpassen“ iteriert (immer wieder wiederholt) werden.
- Deswegen wird die Arbeit in einzelne Sprints eingeteilt, die in der Regel ein oder zwei Wochen dauern. Am Ende eines Sprints stehen jeweils überprüfbare Teilziele oder Teilprodukte, im Idealfall mit einem konkreten Nutzen für die Stakeholder.
- Zentrale Events im Scrum sind:
  - Daily (bspw. in Form eines 15-minütigen Daily-Standup-Meetings)
  - Sprint Planning
  - Sprint Review
  - Sprint-Retrospektive (zur kontinuierlichen Verbesserung der Produkte und der Zusammenarbeit. Bezogen auf unsere Fragestellung, was und wie es Teams eigentlich genau machen, wenn sie sich selbst organisieren, kommt dem Scrum Master eine besondere Rolle zu.)
- Alle Projektfortschritte werden offen visualisiert.

Im Scrum-Team gibt es unterschiedliche Rollen mit unterschiedlichen Aufgaben im Rahmen der Selbststeuerung. Diese wird ermöglicht und gefördert durch eine offene Visualisierung, klare, regelmäßige, tägliche Besprechungen und regelmäßige Retrospektiven (Reflexion von Inhalt und Art der Zusammenarbeit).

Methoden

KANBAN

Kanban ist ursprünglich eine Methode der Prozesssteuerung aus den 1950er-Jahren, die 2001 als Framework für agiles Arbeiten in Projektteams weiterentwickelt wurde (eigenständig oder auch als Methode der Dokumentation in agilen Teams). Zentrale Aspekte sind die absolute Transparenz und die visuelle Dokumentation in Echtzeit (fließend, fortlaufend, nicht auf Meilensteine oder Sprints bezogen). Im Kanban werden die Teilaufgaben auf Karten, Post-its (remote oder digital) in einem Workflow (Spalten) von links (zu tun) bis rechts (erledigt oder evaluiert) verschoben (prozessiert). Eine wichtige Regel im Kanban ist, dass die Aufgaben (Karten), die gerade bearbeitet werden, limitiert sind. Die Arbeitsphilosophie lautet: „Eines nach dem anderen" und nicht „alles gleichzeitig".

Gewaltfreie Kommunikation

Gewaltfreie Kommunikation (GFK) ist ein von Marshall B. Rosenberg in den 1970er-Jahren entwickeltes Kommunikations- und Handlungskonzept, das zum Ziel hat, so miteinander zu kommunizieren, dass die Beziehung gestärkt wird und wichtige, auch schwierige Dinge besprechbar sind. Ausgehend von Werten wie Freiwilligkeit, Empathie und Verantwortung für das eigene Tun hat Rosenberg ein Kommunikationsmodell mit festgelegten Prozessschritten entwickelt. Die Beteiligten äußern dabei ihr Anliegen in vier Schritten:

Schritt 1: die konkrete Beobachtung (a),
Schritt 2: das damit verbundene Gefühl (b),
Schritt 3: das dahinterstehende Bedürfnis (c),
Schritt 4: die eigene Bitte an den:die Gesprächspartner:in (d).

Rosenberg hat es selbst so ausgedrückt: „Wenn ich *a* sehe, dann fühle ich *b,* weil ich *c* brauche. Deshalb möchte ich jetzt gerne *d.*". Die GFK hat sich weltweit verbreitet. Es gibt in zahlreichen Ländern Schulungen in GFK, die sich auf unterschiedlichste Lebensbereiche ausrichten.[7]

[7] Rosenberg, 2013.

„Clear the air" als Meetingformat

Clear the air ist ein Meetingformat, das auf dem Prozessmodell der GFK basiert. Dem Entwickler Georg Tarne ging es darum, eine Haltung zu vermitteln und eine Methode zu entwickeln, die es Organisationen erlauben, Konflikte nicht auszuklammern, sondern als unvermeidlichen Bestandteil von Zusammenarbeit anzusehen und mit ihnen umzugehen.

Clear the air hat zum Ziel, bei Konflikten und Spannungen wieder „reine Luft zu machen" sowie Teams und Organisationen einen Weg zu weisen, Konflikte und Spannungen angstfrei direkt dann anzusprechen, wenn sie entstehen. Es wird von geschulten Moderator:innen (interessierte Mitarbeiter:innen, die sich dafür schulen lassen) begleitet und hat einen festen Ablauf, der sich an den vier Schritten der GFK orientiert. Ausgangspunkt ist die gemeinsame Entscheidung, Konflikte nicht auszusitzen oder als privat oder unprofessionell anzusehen, sondern anzusprechen und anzugehen, sobald sie auftauchen.

Clear the air hat einen individuellen, einen teambezogenen und einen organisationalen Ansatz. Auf der individuellen Ebene dient es der Klärung konkreter Konflikte zwischen zwei oder mehreren Personen. Es hat zudem einen expliziten Teamfokus, der das Team mit sich über seinen Status quo und die Zukunft ins Gespräch bringt. Da kann es beispielsweise darum gehen, wie Einzelne und ihre Bedürfnisse im Team vorkommen und welche Impulse es für Lösungen auf Teamebene gibt. Clear the air hat auch die gesamte Organisation im Blick, denn es wird als Methode in der Organisation (oder einem Bereich) als ein Format eingeführt, auf das Mitarbeitende aus der Gesamtorganisation oder dem jeweiligen Bereich zurückgreifen können. Damit verankert es eine Haltung, die anerkennt, dass es Konflikte gibt, und anerkennt, dass Konflikte geklärt werden sollen.

Methodische Grundpfeiler von Clean-the-air-Meetings

- Eine persönliche Form, die eigenen Bedürfnisse und Wahrnehmungen mitzuteilen,
- eine empathische Form des Zuhörens,
- ein Interesse an dem:der Anderen.

Feedback als Methode des sozialen Lernens

Wie fruchtbar Feedback als Quelle des sozialen Lernens ist, wurde eher zufällig bei einem Training für Führungskräfte von einer Forschergruppe um Kurt Lewin entdeckt und daraufhin sukzessive als Methode entwickelt und eingeführt: Die Teilnehmer dieses Trainings hörten (zufällig) ihren Fortbildungsleitern zu, als diese ihre Beobachtungen über die Teilnehmer austauschten und deren Lernfortschritt bewerteten. So bekamen sie Rückmeldungen zu ihrem Verhalten und dessen Wirkungen und erlebten dies als außerordentlich hilfreich. Das Feedback als Mittel, Verhalten zu reflektieren und weiterzuentwickeln, war entdeckt.[8] Feedback enthält zunächst die möglichst genaue Beschreibung eines Verhaltens und dann die Beschreibung der Wirkung, die dieses Verhalten auf den:die Beobachter:in hat. Feedback ist immer die Beobachtung einer bestimmten Person und keine objektive Beschreibung.

In hierarchischen Organisationen sind Feedbackprozesse häufig über regelmäßig stattfindende Mitarbeitergespräche institutionalisiert. Hier geben die Vorgesetzten den Mitarbeiter:innen Rückmeldungen. Damit Mitarbeiter:innen ihren Vorgesetzten Rückmeldungen geben können, werden vielerorts Instrumente wie Führungsdialog oder Mitarbeiterbefragungen praktiziert. Hier geben die Mitarbeiter:innen anonym standardisierte Bewertungen über ihre Vorgesetzten ab. Anonyme Feedbackprozesse können relevante Informationen zutage fördern. Implizit vermitteln sie aber auch: Feedback offen auszudrücken ist riskant, wir erwarten nicht, dass es in unserer Organisation ausreichend möglich ist und etablieren deshalb anonymisierte Verfahren. Das kann der Etablierung einer offenen Gesprächskultur entgegenwirken.[9]

Grob kann man arbeits- und leistungsbezogenes Feedback unterscheiden. Ersteres bezieht sich schwerpunktmäßig auf den jeweiligen Beitrag zum Arbeitsergebnis, zweiteres auf das Verhalten als Mitarbeiter:in und Kolleg:in. Gerade

[8] Lewin, 1953; König/Schattenhofer, 2020.

[9] Zur Problematik von anonymen, institutionalisiertem Feedback in Organisationen siehe Schattenhofer, 2017.

letzteres ist in der Regel aus dem Gespräch am Arbeitsplatz ausgeschlossen. Die steuernde Kommunikation wird über das Fachliche auf das Verhalten und die gegenseitige Wirkung ausgeweitet. In Teams ohne interne Hierarchie muss Feedback, wenn es zum gemeinsamen und persönlichen Lernen genutzt werden soll, zwischen Kolleg:innen gegeben werden. Das ist für die meisten Teams eine Überforderung und die Hilfe von Moderation durch unbeteiligte Dritte willkommen.

3.3 Entscheiden in der Selbstorganisation heißt entscheiden in Gruppen und Teams

Ein Team ist erst dann arbeitsfähig, wenn es in der Lage ist, Entscheidungen zu treffen, getroffene Entscheidungen umzusetzen und Entscheidungen, wo nötig, auch zu revidieren. In klassischen hierarchischen Organisationen ist Entscheiden Führungsaufgabe. Dem liegen drei Annahmen zugrunde:

- Wer entscheidet, hat die Macht.
- Teams verfügen nicht über die notwendigen Informationen, um Entscheidungen im Sinne der Organisation zu treffen.
- Entscheidungen in Gruppen mit heterogenen Vorstellungen und Interessen sind mühsam oder unmöglich.

Doch Führungsaufgaben zu verteilen, heißt Entscheidungen ins Team zu geben. Wie kann das aussehen?

Fragt man Menschen nach ihren Erfahrungen mit Gruppenentscheidungen, scheinen zwei Arten von Erinnerungen zu dominieren: endlose Diskussionen in Gruppen an deren Ende sich die Partei durchsetzt, die den längeren Atem hatte, und an Abstimmungen, die die Gewinner leuchten und die Verlierer schmollen ließen. Beides sind keine sonnigen Aussichten für eine Zusammenarbeit, die doch agil, also flink, flexibel und kollegial sein soll. Vor dieser Herausforderung standen alle unsere Teams und dieser Herausforderung müssen sich alle Konzepte für Selbstorganisation und agiles Arbeiten stellen.

Selbstorganisation braucht Verfahren, wie Gruppen entscheiden können – möglichst agil, flexibel und ohne die Machtfrage zu stellen. Dazu ist eine Vielzahl von Verfahren wiederentdeckt oder neu entwickelt worden. Ausgangspunkt vieler Verfahren der Gruppenentscheidungen ist die Einsicht, dass nicht alle Mitglieder gleich, sondern dass die Mitglieder in unterschiedliche Entscheidungen unterschiedlich involviert sind. Viele Entscheidungsverfahren beruhen darauf, diese Ungleichheit anzuerkennen und so umzusetzen, dass diejenigen, die involviert, informiert oder am stärksten betroffen sind auch den größten Einfluss auf Entscheidungen haben.

> Es gibt gute Alternativen sowohl zur langen Diskussion mit dem Ziel der Einstimmigkeit (Konsens) als auch zur Abstimmung. Doch man muss sie kennen.

Unsere Erfahrung als Berater:innen in der Arbeit mit Teams und als Gruppendynamiker:innen in der Qualifizierung zur Selbststeuerung ist, dass Gruppen in den meisten Fällen auf genau diese beiden Methoden zurück greifen: Konsens und Mehrheitsentscheidung – einfach, weil sie am bekanntesten sind. Teams müssen Entscheidungsverfahren kennen, um gemeinsam zu klären, wie Entscheidungen im Team getroffen werden sollen. Dafür haben wir eine – sicher unvollständige – Übersicht zusammengestellt.

Entscheiden in Gruppen

Das Prinzip der Einstimmigkeit

Dieses Prinzip scheint für viele Menschen, der Idealtyp einer Gruppenentscheidung zu sein. Alle diskutieren, bis man sich einig ist bzw. eine Entscheidung ohne Gegenstimme gefällt werden kann. Doch es stößt schnell an die Grenzen von Zeit und Kraft der Teammitglieder. Man kann den Entscheidungsprozess nicht zeitlich begrenzen und weiß nie, ob eine Entscheidung zustande kommt. Doch wenn sie gelingt, erleben es die Beteiligten als sehr befriedigend. Unterstützen können Gesprächsregeln (bspw.

jede:r hat zwei Minuten, eine Position darzustellen, dann hat jede:r eine Minute Zeit, um auf das Gehörte zu reagieren, dann beginnen wir damit, Alternativen auszuschließen etc.). Timeboxing ist eine andere Möglichkeit (wir diskutieren max. zwei Stunden, dann wird vertagt), den Prozess bis zur Einstimmigkeit zu strukturieren.

Das Prinzip der Mehrheitsentscheidung

Dieses Prinzip kann sehr unterschiedlich umgesetzt werden. Klassische Abstimmungen beenden das Gespräch, produzieren Gewinner und Verlieren und unterstützen die Kooperation eher nicht. Doch auch für Mehrheitsentscheidungen gibt es Varianten:

- Erste Abstimmungen als Stimmungsbild und Diskussionsgrundlage.
- Im ersten Schritt Für-und-gegen-Alternativen wählen lassen, so können bedrohliche Szenarien ausgeschlossen werden.
- So lange klären, bis alle einer offenen Abstimmung zustimmen.
- Entscheidungsregeln gemeinsam beschließen: einfache Mehrheit, absolute Mehrheit, mindestens 80 % Zustimmung, wir entscheiden nichts, was jemand vehement ablehnt (Vetorecht) etc.
- Mehrheitsentscheidungen nach qualifizierter Mehrheit (Mehrheit der Stimmen und Mehrheit der Subgruppen). Als Beispiel kann der Europäische Rat dienen. Hier gilt, dass eine qualifizierte Mehrheit dann erreicht ist, wenn mindestens 55 % der Staaten und Vertreter:innen von mindestens 65 % der Bevölkerung mit Ja stimmen. Für ein Team kann das bedeuten: Mindestens 51 % aller Teammitglieder und mindestens drei verschiedene Professionen müssen einen Vorschlag unterstützen.
- Gewichtete Abstimmungen oder Präferenzwahl bedeuten, dass jede:r drei oder mehr Stimmen hat und für unterschiedliche Alternativen Stimmen abgeben kann.
- Gültigkeit der Abstimmungsergebnisse zeitlich befristen und Evaluation einplanen.

Das Prinzip der eigenmächtigen Entscheidungen

In diesem Fall kann der:die relevante Akteur:in eigenmächtig entscheiden. Auch das kann je nach Entscheidung unterschiedlich in den Teamprozess eingebettet und vereinbart sein:

- Der:die Entscheider:in entscheidet eigenmächtig für sich im stillen Kämmerlein.
- Der:die Entscheider:in muss ihre Entscheidung öffentlich machen und vertreten (bspw. bei Entscheidungen über das eigene Gehalt oder die Verteilung von Ressourcen).
- Der:die Entscheider:in präsentiert die Entscheidung, bittet um Rückmeldung und entscheidet dann aufgrund der Rückmeldung selbst.
- Der:die Entscheider:in sucht aktiv den Austausch, die Diskussion, Ideen anderer und entscheidet dann: „Um meine Entscheidung treffen zu können, brauche ich von euch …"
- Entscheidungen sind endgültig oder können von einem begründeten Veto durch das Team gestoppt werden.

Das Prinzip der gestuften Entscheidungsverfahren

Zwei- oder mehrstufige Entscheidungsverfahren bewähren sich besonders in Konfliktfällen und sind Verfahren, in denen man sich zuerst über eine Verfahrensabfolge verständigt, bevor der eigentlich strittige Inhalt verhandelt wird.

Diese Stufen können sich sowohl auf die Frage, *wer* entscheidet beziehen:

- Wer versucht im ersten Schritt zu einer Entscheidung zu gelangen?
- Wenn das nicht gelingt, wer wird als Vermittler:in hinzugezogen?
- Wenn das nicht gelingt, wer entscheidet dann?

als auch auf die Frage beziehen, *wie* entschieden wird:

- Wir nehmen uns zwei Stunden Zeit und versuchen zu einer einstimmigen Lösung zu gelangen.

- Wenn das nicht gelingt, wählen alle/wählt jede Untergruppe drei Vertreter:innen, die drei mögliche Szenarien entwickeln und vorstellen.
- Zu einem späteren Zeitpunkt diskutieren wir die Szenarien und geben uns zwei Stunden Zeit, um eine Einigung zu erzielen.
- Gelingt es nicht, in zwei Stunden zu einer Einigung zu gelangen, stimmen wir ab. Jede:r hat zwei Stimmen: eine Stimme für *Was will ich* und eine Stimme für *Was will ich nicht*. Die Alternative mit den meisten Gegenstimmen scheidet aus. Bei den verbleibenden Alternativen entscheidet die Mehrheit.

Für Konfliktfälle könnten folgende Schritte vereinbart werden:

- Die Betroffenen diskutieren und versuchen eine Lösung zu finden.
- Wenn das nicht gelingt, wählen Sie einen Moderator, der ein Konfliktgespräch moderiert.
- Wenn das zu keiner Klärung führt, nominieren alle Betroffenen plus das Team je eine Person, die stellvertretend für die Parteien eine Lösung sucht. Dabei werden die Betroffenen nochmals gehört. Dieses Gremium entscheidet im Konsens.
- Sollte das Gremium zu keiner konsensualen Lösung kommen, wird jemand (bspw. die Führungskraft) als Entscheider:in eingesetzt.

Es kann sinnvoll sein, grundsätzlich ein gestuftes Entscheidungsverfahren für Entscheidungen zu entwickeln und zu vereinbaren, die immer wieder konfliktreich sind.

Das Konsentprinzip

Dieses Entscheidungsprinzip stammt aus der Soziokratie und ist die zentrale Entscheidungsmethode in der Holacracy. Es basiert auf der Grundidee, dass nicht die Mehrheit entscheidet, sondern die diejenigen, die von der Entscheidung betroffen sind, aber alle Anwesenden befragt werden, ob es relevante Bedenken gibt. Das Konsentprinzip will Raum schaffen, Dinge auszuprobieren.

Das Grundprinzip ist die Einwanderhebung: Eine Entscheidung wird im Team vorgestellt und begründet. Gedanken und Reaktionen werden ausgetauscht. Im Entscheidungsprozess tritt nun an die Stelle einer Abstimmung die Frage: *Gibt es einen schwerwiegenden Einwand?* Gibt es also einen so schwerwiegenden Einwand, dass ich dieses Entscheidung verhindern will. Als schwerwiegend gilt, wenn ich betroffen bin und die Entscheidung nicht ausführen will oder wenn die Entscheidung das gemeinsame Ziel in Gefahr bringt. Dann ist es die gemeinsame Aufgabe, diese Einwände zu klären oder in den Vorschlag zu integrieren. Gibt es keine Einwände oder konnten die Einwände integriert werden, kann die Entscheidung getroffen werden.

Das Konsentprinzip bewegt gerade nicht die Frage, ob alle dafür sind oder jemand noch eine bessere Idee hat. Denn bessere Ideen kann es immer geben, wie soll man da entscheiden? Konsent beruht vielmehr auf der Frage, ob jemand (aufgrund seines schwerwiegenden Einwands) dagegen ist. Das Ziel ist also nicht, die beste aller Lösungen zu finden, sondern eine Lösung zu unterstützen, die jetzt im Moment probiert werden kann („It is save enough for now"). Dieser Ansatz erleichtert das Entscheiden deutlich, führt zu mehr und schnelleren Entscheidungen und damit zu mehr Ausprobieren. Er hat sich in agilen Teams etabliert und bewährt.

Kapitel 4: Die Unterschiedlichkeit der Teams und die verbindende Kultur der Selbstorganisation

Unsere Kontakte zum Netzwerk KASO – Konzernaustausch Selbstorganisation haben uns unter dem Thema der Selbstorganisation und Selbststeuerung zu einem breiten Spektrum an Teams geführt. Damit ist schon eines der zentralen Ergebnisse unserer Untersuchung formuliert: Wo unter dem Leitbild der Selbstorganisation Teams arbeiten, führt dies – bei manchen Ähnlichkeiten – zu sehr unterschiedlichen Formen von Teamarbeit. Es empfiehlt sich, genau auf die Besonderheiten des einzelnen Teams zu achten und sich vor allgemeinen Aussagen und Rezepten zu hüten.

Die Unterschiede ergeben sich zum einen aus den folgenden vier Kontextbedingungen, die für jedes Team in unterschiedlicher Kombination gegeben sein können.

1. Die Art der Aufgabe
2. Die Art der Einbindung in die Organisation
3. Der Grad der Selbststeuerung, der dem Team zur Verfügung steht
4. Das Konzept/das Tool, nach dem ein Team arbeitet

Andererseits sind an den Teams jeweils Fachkräfte beteiligt, die nicht nur ihre fachliche Funktion ausüben, sondern sich auch als Personen mit ihrer Individualität in die Zusammenarbeit einbringen. Das Zusammenspiel der Kontextbedingungen mit den jeweiligen Personen führt zu der spezifischen Ordnung eines Teams, seiner Abläufe und Strukturen. Jedes Team bildet seine eigene spezifische Ordnung heraus und unterscheidet sich von anderen Teams auch dann, wenn die Rahmenbedingungen weitgehend gleich sind.

Die Auswirkungen der Kontextbedingungen werden wir im nächsten Kapitel (Teamaufgaben) untersucht. In diesem Kapitel wollen wir steckbriefartig und anonymisiert einen Eindruck von der Vielfältigkeit der „Selbstorganisationsszene" vermitteln.

4.1 Die untersuchten Teams in neun Steckbriefen

Team 1: „Da ist endlich jemand, der sich kümmert!"

Aufgabe: bereichsübergreifende Verbesserung der Bedingungen für den Außendienst des Unternehmens.

Geschichte: Team 1 besteht seit drei Jahren als Teil des Netzwerkes selbstorganisierter Teams im Unternehmen. Dieses Netzwerk wurde im Rahmen einer Unternehmensstrategie gegründet, um das menschlichste und kundenorientierteste Unternehmen der Branche zu werden.

Größe und Struktur: Gegründet von einer Mitarbeiterin, ist es mittlerweile auf 30 Personen angewachsen. Die Gründerin ist die Repräsentantin des Teams, ein Sponsor wurde gewählt. Es hat sich ein kleiner Kern herausgebildet, der die gemeinsame Arbeit gestaltet und am Laufen hält. Hier werden die Tagesordnungen und Umfragen zu einzelnen Themen gemacht, werden Protokolle und Zusammenfassungen geschrieben sowie wichtige Verantwortliche angesprochen, die für die einzelnen Themen wichtig sind.

Um den Kern herum besteht die Gruppe aus einer bunten Mischung aus Kolleg:innen. Im äußeren Kreis befinden sich viele Kolleg:innen, die nicht kontinuierlich mitarbeiten, sondern die Gruppe bei Bedarf unterstützen: die Sympathiesant:innen.

(Entscheidungs-)Spielräume: Das Team kann selbst entscheiden, welche Themen es aufgreifen und bearbeiten wird und auf welche Weise dies geschieht. Koordinations- und Sprecher:innenrollen werden vom Team bestimmt.

Selbstbeschreibung: „Wir kümmern uns übergreifend um die Belange des Außendienstes, der sonst vereinzelt in verschiedenen Sektoren und Standorten des Unternehmens arbeitet. Wir haben Verbindungen in alle Hierarchiestufen, an uns kommt man nicht so leicht vorbei. Wir bestimmen selbst, welche Themen wir setzten. Die Gruppe macht den Einzelnen Mut, ihre Interessen und Meinungen in der Organisation zu äußern. Hier bekommt der Einzelne Rückhalt und kann sich kritisch äußern."

Organisation der Zusammenarbeit: Die Zusammenarbeit ist wenig formalisiert, man trifft sich virtuell und bei Bedarf. Es gibt Mitglieder, die sich noch nie persönlich begegnet sind. Mitglied kann werden, wer Interesse zeigt und sich meldet. Man kann die Mitgliedschaft auch ruhen lassen. Die Gruppe ist interdisziplinär, crossfunktional und sektorenübergreifend.

Tools: *Guidance Principles* für alle selbstorganisierten Teams des Unternehmens, die von der Gruppe der Repräsentant:innen erarbeitet wurden. Hier werden die Rollen der Repräsentant:innen und der Sponsor:innen beschrieben. Spezielle Tools für die Gestaltung der Zusammenarbeit gibt es nicht.

Baustellen: Der Zusammenhalt der großen Gruppe ist nicht leicht zu organisieren. Einmal hat der Kern den Vorschlag einiger Mitglieder abgelehnt, sich in Untergruppen aufzuteilen. Da wurden der Zusammenhalt und das Weiterbestehen infrage gestellt.

Geschichte – Höhepunkte – Tiefpunkte: Konkrete Verbesserungen in den Arbeitsbedingungen des Außendienstes markieren die Höhepunkte des Teams, immer wieder konnte man stolz auf das Erreichte sein. Dazwischen gab es Durststrecken und Rückschläge, wenn man sich mit den eigenen Vorschlägen nicht durchsetzen konnte. Aber die positiven Erfahrungen überwiegen bei Weitem. Das Engagement ist freiwillig und findet neben der normalen, täglichen Arbeit statt. Das ist eine besondere Belastung. Die Freiwilligkeit eröffnet gleichzeitig besondere Möglichkeiten: Man kann Themen setzen, selbst bestimmen, wo man sich engagieren will, kann Einfluss entfalten, ohne sich an die formalen

Dienstwege halten zu müssen, und auf Hierarchien quer durchs Unternehmen direkt zugehen. Mit der Zeit ist auch die Anerkennung von außen gestiegen, die Konzernleitung hat sich bedankt.

Team 2: „Es geht mehr als man denkt – es macht tierisch Bock, das auszuprobieren!"

Aufgabe: Das Unternehmen bei jungen Fachkräften bekannt und als Arbeitgeber attraktiv zu machen, neuen Mitarbeiter:innen soll ein guter Einstieg ermöglicht werden.

Geschichte: Das Team besteht seit drei Jahren als Teil des Netzwerkes selbstorganisierter Teams im Unternehmen. Dieses Netzwerk wurde gegründet, um die eigene Organisation zum menschlichsten und mitarbeiterorientiertesten Unternehmen der Branche zu machen.

Größe und Struktur: Den Kern bilden zwei Mitarbeiter, die den Kreis gegründet haben. Es beteiligen sich ca. 20 weitere Mitarbeiter:innen aus allen Unternehmensbereichen, Hierarchieebenen und Standorten des Unternehmens. Sie sind in vier Teilgruppen organisiert, die sich um einzelne Unterthemen und Projekte kümmern. Alle engagieren sich außerhalb ihrer formalen Aufgabe in der Organisation freiwillig im Team. Ein Repräsentant des Teams koordiniert die Arbeit und vertritt das Team nach außen. Ein Sponsor aus der Geschäftsführung, der vom Team gewählt wurde, hat die Aufgabe, für die Wirksamkeit der Aktivitäten in der Organisation zu sorgen.

(Entscheidungs-)Spielräume: Das Team kann selbst entscheiden, welche Themen es aufgreifen und bearbeiten möchte und auf welche Weise dies geschieht. Koordinations- und Sprecherrollen werden vom Team bestimmt.

Selbstbeschreibung: „Wir sind als Team stolz auf das Erreichte und auch nach drei Jahren begeistert, dass wir uns für die gemeinsame Sache engagieren. Hier kann man über das Netzwerk etwas bewirken, ohne den Dienstweg einhalten zu müssen."

Organisation der Zusammenarbeit: Die Gruppe hat eine eigene Arbeitsstruktur entwickelt: Die vierteljährlichen zweistündigen Treffen im Gesamtteam dienen vor allem der Planung der Aktivitäten und dem Austausch der Ergebnisse zwischen den Untergruppen. Diese arbeiten an einzelnen Themen und treffen sich monatlich, es gibt einen Repräsentanten, der für die Koordination zuständig ist, aber die Gruppe nicht führt. Die Beteiligten verpflichten sich jeweils für ein Jahr der Mitarbeit. Der Kern von drei bis vier besonders aktiven Mitgliedern sorgt für Kontinuität, er übernimmt die Vertretungsaufgaben und hilft entschlossen über Durststrecken hinweg.

Tools: *Guidance Principles* für alle selbstorganisierten Teams des Unternehmens, die von der Gruppe der Repräsentant:innen erarbeitet wurden. Hier werden die Rollen der Repräsentant:innen und Sponsor:innen beschreiben. Spezielle Tools für die Gestaltung der Zusammenarbeit gibt es nicht.

Baustellen: Es gibt (keine blockierenden) Spannungen um die Frage, wer das Team nach außen vertritt. Für die Vertreter:innen bringt das Nähe zur Geschäftsführung und Sichtbarkeit. Bisher war das kein Thema in der Gruppe. Durch das ehrenamtliche Engagement, das neben der eigentlichen Arbeit erfolgen muss, sind den Aktivitäten enge Grenzen gesetzt. Für Enttäuschungen sorgt auch immer wieder der HR-Bereich des Unternehmens, der die Initiativen nicht oder nicht schnell genug aufgreift. Der Gegensatz zwischen der freiwilligen Parallelwelt des selbstorganisierten Teams und der hierarchischen Struktur des Unternehmens sorgt immer wieder für Spannungen.

Geschichte – Höhepunkte – Tiefpunkte: Nach dem begeisterten Start mit vielen neuen Ideen und konkreten Produkten gab es Tiefpunkte und eine längere Durststrecke, in der es wenig Resonanz im HR-Bereich gab und die Anerkennung und Unterstützung durch das Management zumindest unklar blieben. Da war es schwer durchzuhalten. Mittlerweile gibt es sichtbare Produkte und Erfolge, die Anerkennung finden, z. B. durch einen von der Unternehmensleitung verliehenen Preis für das Team.

Team 3: „Wir waren die Ersten und haben das eigentlich schon vorher praktiziert."

Aufgabe: Produktion von Werkstücken.

Geschichte: Das Team hat eine lange Geschichte. Seit drei Jahren arbeitet es als selbstorganisiertes Team.

Größe und Struktur: Neun Mitglieder, davon fünf in der Produktion, die anderen mit übergreifenden Aufgaben, die auch in anderen Teams arbeiten. Formal gibt es einen Produktionsleiter, der (aber) die Selbstorganisation vorantreibt. Zudem werden in der Organisation gerade beratende Rollen für alle selbstorganisierten Teams eingeführt, die sich um spezielle Aspekte der Zusammenarbeit kümmern sollen.

(Entscheidungs-)Spielräume: Begrenzt, Einteilung der Schichtpläne, Planung der Aufträge, Abfolge der Werkzeuge.

Selbstbeschreibung: „Wir sind ein tolles kleines, überschaubares Team. Man kann sich aufeinander verlassen, man hilft sich, ist auch in der Freizeit erreichbar und lässt niemanden hängen. Man gleicht gegenseitig Fehler aus. Hier schafft niemand mehr jemandem etwas an!"

Organisation der Zusammenarbeit: Wöchentliche Treffen mit fester Tagesordnung zur Reflexion der Arbeit sowie zur Auswertung und Suche nach Verbesserungsmöglichkeiten. Viele Absprachen laufen zwischendurch. Einmal im Jahr gibt es einen Workshop mit externer Begleitung.

Tools: Keine besonderen Tools.

Baustellen: Die Klärung von Problemen mit den internen Zulieferern gelingt ohne die Führungskräfte oft nicht befriedigend. Die Auseinandersetzung mit einem Kollegen, der nicht mitmacht, steht an. Niemand soll dabei bloßgestellt werden.

Geschichte – Höhepunkte – Tiefpunkte: Das Team hat früh Selbstorganisation erprobt und entwickelt, weil der damalige formale Vorgesetzte sich wenig kümmerte; das Team hat dieses Vakuum als Chance genutzt und ist selbst aktiv geworden. Die Regeln, die zunehmend im Unternehmen für die Gruppenarbeit eingeführt werden, werden als Rückschritt und Einschränkung erlebt.

Team 4: „Das muss man wollen – eine Sache von Grund auf aufzubauen."

Aufgabe: Entwicklung und Herstellung von technischen Messgeräten.

Geschichte: Besteht seit drei Jahren.

Größe und Struktur: Fünf männliche Mitglieder, Ingenieure und Informatiker, vier davon in Teilzeit, alle arbeiten an einem Standort. Es gibt einen internen Projektkoordinator, der letztlich die Entscheidungen trifft, aber alle einbezieht.

(Entscheidungs-)Spielräume: Groß bei den inneren Abläufen, sie wurden gemeinsam entwickelt und erfunden. Mitsprache bei Personal- und Produktentscheidungen.

Selbstbeschreibung: „Hier muss man im Team arbeiten, man darf sich nicht in seinem Projekt abschotten und soll bei Problemen andere einbeziehen. Einzelkämpfer passen hier nicht. Zugleich muss man selbstständig arbeiten können und auch Krisenzeiten aushalten."

Organisation der Zusammenarbeit: Man trifft sich wöchentlich und hat dreimal im Jahr einen Teamtag. Hier werden grundsätzliche Themen bearbeitet, Exkursionen etc. gemacht.

Tools: Scrum mit wechselnder Leitung.

Baustellen: Die Zusammenarbeit mit den Auftraggeber:innen und Gesellschafter:innen ist kompliziert, da die Rollen vermischt sind. Der Geschäftsführer sollte für mehr Eindeutigkeit und klare Entscheidungen sorgen, er tut dies aber häufig nicht.

Geschichte – Höhepunkte – Tiefpunkte: Höhepunkt war die erfolgreiche Entwicklung und Herstellung des ersten Produkts. Tiefpunkte waren auf der technischen Ebene Verzögerungen in der Produktentwicklung, auf der sozialen Ebene „eigenbrötlerische" Mitarbeiter, von denen man sich getrennt hat. An der Klärung der Konflikte mit ihnen war die Geschäftsführung stark beteiligt.

Team 5: „Also haben wir einfach entschieden, es macht mehr Sinn zusammenzusitzen."

Aufgabe: IT-Tools für Marketing und Verkauf.

Geschichte: Das Team besteht seit sechs Monaten.

Größe und Struktur: Sieben Mitglieder, davon drei Entwickler, ein Softwarearchitekt, zwei Marktforscherinnen, ein Scrum Master und ein Product Owner. Alle an einem Standort, vier haben noch Aufgaben in den Vorläuferprojekten.

(Entscheidungs-)Spielräume: Planung der eigenen Arbeitsabläufe und der eigenen Sprints.

Selbstbeschreibung: „Wir waren schnell; schneller als die anderen. Wir wussten, was wir wollten und nicht wollten, und dieser Schwung hält an. Wir haben einen harmonischen Zustand erreicht. Wir können über alles reden."

Organisation der Zusammenarbeit: Daily (tägliche Meetings) von 15 Minuten, zeitlich an die Themen angepasst. Zweiwöchige Sprints mit anschließenden Retros, gemeinsame Mittagessen. Der Scrum Master gestaltet die einzelnen Kommunikationsformate abwechslungsreich und vielfältig, dafür ist sie die unumstrittene Fachfrau.

Tools: Scrum, Walk and Talk mit dem Scrum Master, verschiedene Methoden bei den Retrospektiven.

Baustellen: Mit den internen Kunden außerhalb der Selbstorganisation ist die Zusammenarbeit oft holprig, da sie mehr Planung und Sicherheit erwarten, als das Team liefern kann. Es ist schwer, auf Augenhöhe zu verhandeln. Von der unmittelbaren Umwelt, den Nachbarteams werden sie als eher verschlossen erlebt.

Geschichte – Höhepunkte – Tiefpunkte: Höhepunkt war die Entscheidung, „zusammenzuziehen" und sich erfolgreich als Team zu formieren und die unterschiedlichen Fachlichkeiten zu integrieren. Die Tiefpunkte waren nicht erreichte

Sprintziele, vor allem aber Spannungen, die im Umgang mit den (internen) Kund:innen entstehen. Diese haben (noch immer) wenig Verständnis dafür, dass das Team in kleinen Schritten vorgeht und viel Rückkopplung braucht.

Team 6: „Diese Großprojekte, die da Last auf das System bringen, die haben immer mehr Stress ausgeübt als irgendetwas an Organisation."

Aufgabe: Rechnungen, die die Kund:innen begeistern.

Geschichte: Das Team besteht seit zehn Jahren, seit zwei Jahren als Team/Circle in der Selbstorganisation.

Größe und Struktur: Ca. 20 Mitglieder an drei Standorten in Deutschland. Mitglieder mit unterschiedlichen Arbeitsverträgen. Die Grenzen des Teams/Circle sind etwas unbestimmt, es haben auch Mitarbeiter:innen, die nicht zum Team gehören, Rollen übernommen. An den drei Standorten gibt es jeweils Untergruppen, die enger zusammenarbeiten, die aber keine eigenen formalen Strukturen haben.

(Entscheidungs-)Spielräume: Die Selbstbestimmung des Teams endet, wenn die Auftraggeber:innen neue Anforderungen stellen, obwohl das Team entschieden hatte, nichts Neues annehmen zu können.

Selbstbeschreibung: „Wir kennen uns alle seit vielen (teilweise seit 20) Jahren und wurden aus unterschiedlichen Unternehmensbereichen zusammengesetzt. Das ist eine gute Basis. In den zehn Jahren haben wir schon viel überstanden. Einige von uns haben die Veränderung zu Holacracy ganz aktiv vorangetrieben."

Organisation der Zusammenarbeit: Die Kommunikation hat sich grundlegend geändert. Es gibt einen LeadLink (ernannt) und viele weitere gewählte Rollen (RepLink, Secretary, Facilitator, inhaltliche Rollen). An die Stelle der allgemeinen Regelbesprechungen sind verschiedene Meetings getreten: *tactical* (wöchentlich), *governance* (jetzt auf Bedarf) und *focus* (auf die Initiative Einzelner zur Vertiefung von Themen). Es wird insgesamt viel mehr gesprochen als vorher, auch spontan am Telefon. Früher gab es viele

E-Mails, nun viele Telefonate. Heute muss nicht mehr alles protokolliert werden. Die Menschen, die Entscheidungen brauchen, können diese selbst treffen und verantworten. Wer was entscheidet, ist in den Rollen festgelegt. Rollen werden freiwillig übernommen und können auch zurückgegeben werden.

Die Meetingregeln führen dazu, dass man nicht mehr sofort auf alles reagiert, jeder kommt zu Wort, also hört man auch zu, denkt nach, bevor die Runde der Reaktion auf das Gesagte beginnt. Das finden viele (ca. 80 %) sehr gut, manche bemängeln aber auch, dass diese Kommunikationsform zu lange dauert (20 %).

Tools: Tools aus dem Organisationsframework Holacracy, Clear the air, Gesprächsregeln für die verschiedenen Besprechungen.

Baustellen: Im Team gibt eigentlich keine Spannungen. Clear the air wurde zwar eingeführt, aber noch nicht genutzt. Vielleicht reicht es schon, dass es die Möglichkeit gibt. Man ist allgemein gut im Kontakt. Spannungen gibt es mit den Auftraggeber:innen draußen, wo es ein Oben und Unten gibt. Nach draußen muss der Leadlink als Vorgesetzter auftreten.

Geschichte – Höhepunkte – Tiefpunkte: Zunächst hatte schon der Wechsel in der Teamleitung (späterer LeadLink) zu mehr Beteiligung und Verantwortungsübernahme geführt. Die Einführung von Holacracy hat diese Veränderungen noch einmal verstärkt. Holacracy hat vor allem die Eigenverantwortung verändert. Die Einzelnen sind vielmehr gefragt, welche Aufgaben sie übernehmen und welche Verantwortung sie tragen wollen.

Das Team hat sich immer wieder gegenüber Konkurrent:innen von außen, die standardisierte Lösungen angeboten haben, durchsetzen können und grundlegende Veränderungen am gemeinsamen Produkt bewältig. Das waren die Höhepunkte.

Team 7: „Also da ist … eine 180-Grad-Wendung in dem, wie wir jetzt arbeiten."

Aufgabe: Die Gestaltung und Weiterentwicklung aller Arten von Kundenrechnungen.

Geschichte: Das Team bestand bereits einige Jahre, als es vor drei Jahren als Team/Circle in der Selbstorganisation startete.

Größe und Struktur: Acht Mitglieder an vier Standorten in Deutschland und im europäischen Ausland. Teilweise ausgeliehen von Tochterunternehmen, teilweise extern. Zugehörigkeit zum Unternehmen zwischen einem und 20 Jahren. An einem Standort hat sich ein fester Kern von vier Mitgliedern herausgebildet. Große Altersspanne zwischen Ende 20 und Mitte 50. Die „verfassungsgemäßen" Rollen der Holacracy (Leadlink, Replink, Facilitator, Secretary) und 15 weitere Rollen (Aufgaben) die von Einzelnen übernommen wurden.

(Entscheidungs-)Spielräume: Einteilung und Verteilung der Arbeitsaufgaben im Team.

Selbstbeschreibung: „Harmonisch, wir halten zusammen und gleichen die großen Unterschiede im Team aus. Langsam vertrauen wir dem neuen System, vor allem, weil der neue Leadlink es glaubwürdig praktiziert."

Organisation der Zusammenarbeit: Daily zu drei unterschiedlichen Zeiten, angepasst auf die Bedürfnisse der Einzelnen. Wöchentliches Tactical Meeting, ein Governance Meeting pro Monat (fällt öfter aus), dreimal im Jahr ein zweitägiges persönliches Treffen.

Tools: Tools aus dem Framework Holacracy, Kanban.

Baustellen: Die individuelle Vorsicht führt manchmal dazu, dass Einzelne sich zu spät melden, wenn sie Hilfe brauchen. Die alte Kultur, für Fehler bestraft zu werden, wirkt nach. Offenheit und Vertrauen entwickeln sich (langsam). Nach außen – gegenüber den hierarchisch organisierten Auftraggeber:innen – müssen unrealistische Erwartungen und die Infragestellung des gesamten Aufgabengebietes abgewehrt werden. Hier sind die Mitglieder der selbstorganisierten Teams oft im Nachteil. Ohne formelle Führung und ohne entsprechenden Job Title erleben die Rolleninhaber:innen immer wieder, dass es ungleich schwieriger ist, von den Führungskräften der klassischen Teams akzeptiert zu werden und die Teaminteressen zu vertreten. Die von der Organisation verteilte Macht fehlt.

Geschichte – Höhepunkte – Tiefpunkte: Das Team musste erst ausprobieren und erfahren, ob eine verlässliche Zusammenarbeit untereinander und mit den Vorgesetzten zustande kommen kann. Nach einigen frustrierenden Erfahrungen hat eine neue Circle-Leitung, die Holocracy „auch wirklich lebt und dahintersteht" und die das Team auch nach außen verteidigt und vertritt, eine große Verbesserung gebracht. Gespräche, z. B. über die Bedeutung von Eigenverantwortung (bei einem Governance Meeting), zeigen Wirkung, weil dort auch Ängste und Unsicherheiten sichtbar werden und der Rückhalt des Teams erfahrbar wird. Höhepunkte sind auch, wenn das Team den eigenen fachlichen Vorstellungen Geltung verschaffen kann (neue Ansätze zu entwickeln, statt Not- oder Zwischenlösungen zu produzieren).

Team 8: „Wenn's nicht funktioniert – sowohl projektmäßig als auch organisatorisch –, dann ändern wir es eben in ein paar Monaten wieder."

Aufgabe: Entwicklung neuer Produktideen für neue Zielgruppen. Vier Business Cases jährlich sind abzuliefern.

Geschichte: Das Team besteht seit vier Jahren.

Größe und Struktur: Internationales Team mit zehn bis 15 Mitgliedern, die über drei Kontinente verteilt sind. Fünf Mitglieder arbeiten an einem Standort und bilden den Kern des Teams. Die Mitglieder arbeiten mindestens 40 % ihrer Arbeitszeit in diesem Team.

(Entscheidungs-)Spielräume: Groß. Die Einzelnen können entscheiden, welche Projekte sie verfolgen, und brauchen dafür einen Unterstützer im Team. Das Team entscheidet selbstständig, wie es seine Arbeit organisiert und welche Projekte es verfolgt.

Selbstbeschreibung: „Wir sind ein experimentierfreudiger, bunter Haufen von Leuten, die sonst im Unternehmen vielleicht keinen Platz gefunden hätten."

Organisation der Zusammenarbeit: Wöchentliche Calls, vier wöchentliche Retrospektiven, persönliche Treffen im Gesamtteam zweimal im Jahr.

Tools: Scrum, Teams-Skill-Matrix, Circle of Life und ein Führungskonzept der Gesamtorganisation, nach dem in allen selbstorganisierten Teams vier Personen benannt werden, die vier unterschiedliche Aspekte von Führung umsetzten (Person, Leistung, Kunde, Regelwerk).

Baustellen: Wie persönlich darf es im Team werden? Manchmal wird zu wenig Kritik an den Projekten der anderen eingebracht. Man lässt sich in Ruhe. Es gibt einen Ruf nach klaren Regeln, zugleich aber auch Widerstand gegen zu viele Vorschriften von außen.

Geschichte – Höhepunkte – Tiefpunkte: Ein Höhepunkt war die erste marktreife Produktentwicklung. Der Tiefpunkt war eine Phase der Vereinzelung, in der alle nur vor sich hin gearbeitet haben. Dies wurde von der Teamleitung bemerkt und durch eine Intervention des Vorgesetzten überwunden. Er hat einen Auftrag erteilt, für den sie sich gegenseitig brauchten und der die Zusammenarbeit wieder in Gang setzte.

Team 9: „Im Basistraining fragen wir immer: ‚Wer von euch hat schon mal einen Check-in/Check-out gemacht?' Und wenn dann 90–95 % der neuen Kolleg:innen mit diesem Element schon vertraut sind, dann bedeutet das, dass definitiv bei allen was hängen bleibt. Das ist sehr schön zu sehen!"

Aufgabe: Beratung und Trainings der Mitarbeiter:innen und Teams des Unternehmens für die Einführung und Gestaltung von Holacracy im Unternehmen (und außerhalb); Aufgaben in der Organisationsentwicklung.

Geschichte: Das Team besteht seit zwei Jahren.

Größe und Struktur: Sieben Personen, zu ca. 50 % im Team, alle mit Aufgaben außerhalb, zwischen 35 und 42 Jahre alt, an einem Standort.

(Entscheidungs-)Spielräume: Groß: Die eigenen Struktur und die Angebote/Produkte werden selbst bestimmt. Handlungsleitend ist die Frage: „Is it safe enough to try?"

Selbstbeschreibung: „Was wir als Team weitergeben wollen, das müssen wir auch selbst praktizieren, um den anderen Teams Selbstorganisation und Holacracy zu zeigen und sie dafür begeistern zu können. Wir probieren viel aus, sind alle ähnlich alt und stehen auch in sehr persönlichem Kontakt."

Organisation der Zusammenarbeit: Einmal in der Woche ein Sync Meeting, seltener, aber regelmäßig ein Governance Meeting, Retrospektiven und Clear-the-Air-Meetings.

Tools: Alle Methoden aus dem Organisationsframework Holacracy.

Baustellen: Eigentlich keine. Spannungen oder Schmerzen werden regelmäßig eingebracht und reflektiert. Man kommt zunehmend von den Methoden und Techniken zu den Haltungen, die für Holacracy notwendig sind. Baustellen entstehen am ehesten mit der Mutterorganisation, die die eigene Arbeitslogik nicht gut genug versteht.

Geschichte – Höhepunkte – Tiefpunkte: Höhepunkte sind, wenn die eigenen Angebote gut nachgefragt werden und auch Wirkung zeigen. Zunächst war es schwer zu ertragen, wenn andere Teams nicht auf ihre Angebote eingegangen sind und z. B. mit Scrum weitergearbeitet haben. Jetzt sehen sie das entspannter. Das Team hat ein spezielles Gehaltssystem entwickelt, das verstärkt Teamleistungen honoriert, und war stolz darauf. Es wurde (zunächst) nicht von der Mutterorganisation akzeptiert, für das Team eine Enttäuschung.

4.2 Teamkultur in der Selbstorganisation

Nachdem wir mit den Steckbriefen einen Überblick über die befragten Teams in ihrer Unterschiedlichkeit gegeben haben – Selbstorganisation hat in der Praxis von Teams überraschend verschiedene und nur begrenzt vergleichbare Erscheinungsformen, das ist ein Ergebnis unserer Studie –, kommen wir jetzt zu den Gemeinsamkeiten. Wir haben in den mehrstündigen Sitzungen mit unseren Teams eine Kultur erlebt, die diese Teams miteinander verbindet und sich nach unserer Einschätzung durchaus unterscheidet von Teams, die ohne dieses Programm der Selbstorganisation arbeiten.

Spätestens nach dem dritten Interview war uns klar: Es gibt etwas Gemeinsames, etwas Verbindendes in der Art und Weise, wie uns diese Teams begegnet sind: Stimmung, Sprache, Haltung, Selbstverständnis oder der Umgang mit uns und untereinander. Da wiederholt sich etwas, was sich zu einem Gesamteindruck formt und sich von dem unterscheidet, was wir erwarten, wenn wir Teams kennenlernen.

Teams in der Selbstorganisation entwickeln eine spezifische Kultur. Das gilt insbesondere für Teams, die Teil eines großen Konzern sind, da sich diese im Kontrast zu ihrer Konzerngeschichte entwickeln. Was zeichnet diese Teamkultur in der Selbstorganisation aus?

Mit der Selbstorganisation zieht das Bewusstsein „Team matters" in die Konzerne ein. Es bringt die Perspektive auf die einzelnen Teammitglieder und den Umgang miteinander mit. Alle Teams, mit denen wir gesprochen haben, haben ein Bewusstsein dafür, dass sie sich um die Qualität ihre Zusammenarbeit kümmern müssen und dass damit eine entsprechende Praxis einhergeht.

Wenn wir Teams beraten, die in hierarchische Strukturen eingebunden sind, werden uns vorrangig Probleme bezüglich der Arbeitsleistung, der einzelnen Teammitglieder oder der Umwelt beschrieben. Die Frage nach dem Team, nach dem „Wie macht ihr es miteinander als Gruppe?", kommt, wenn überhaupt, nur am Rande vor. Der Blick auf das eigene

Team als eine Einheit, die explizite und implizite Regeln und Gewohnheiten entwickelt hat und praktiziert, die hilfreich oder hinderlich sein können, dieser Blick ist eher fremd. „Wie macht ihr es miteinander als Gruppe?" ist dann eine Frage, die oft eine Überforderung sichtbar macht. Meistens bewegt die Frage, ob alle ins Team passen. Das die Rolle, die jemand einnimmt, abhängig ist vom Team und dem sozialen Kontext, ist nicht präsent oder hat nur eine untergeordnete Bedeutung. Das ist nicht verwunderlich, denn Menschen erklären sich menschliches Verhalten in der Regel über die Persönlichkeit des Gegenübers, nicht aber über die Situation (die Kontextbedingungen), in denen das Verhalten auftritt. Die Psychologie spricht hier vom Fundamentalen Attributionsfehler.

Aus der psychologischen Forschung: Fundamentaler Attributionsfehler

Unser Verhalten ist stark davon geprägt, wie die soziale Situation aussieht, in der wir uns verhalten. Wenn wir uns in einem Team sicher fühlen, weil wir die Kolleg:innen gut kennen, schon positive Erfahrungen gemacht haben und die Arbeitskultur sehr fehlerfreundlich ist, fühlen wir uns eher ermutigt, eine Störung anzusprechen oder einen gewagten Vorschlag vehement zu vertreten. Ist jemand ganz neu in einem Team und die Stimmung fühlt sich eisig und kritisch an, wird sich dieselbe Person stärker bedeckt halten.

Wenn wir an unser eigenes Verhalten denken, wissen wir das auch. Doch sobald wir andere beobachten, sieht es anders aus. Der Mensch ist viel mehr Individualpsychologe als Sozialpsychologe. Wenn wir das Verhalten anderer beobachten und erklären, warum sich jemand wie verhält, so erklären wir das Verhalten anderer überdurchschnittlich oft mit der Persönlichkeit und mit stabilen Eigenschaften der Person (sie hat keinen Vorschlag gemacht, weil sie so schüchtern ist). Deutlich seltener kommt es uns in den Sinn, Verhalten mit der Situation zu erklären (sie hat keinen Vorschlag gemacht, weil die Leitung so vehement aufgetreten ist und sie in der letzten Reihe saß und hätte aufstehen müssen, um gehört zu werden). Diese Tendenz, Verhalten anderer mit persönlichen Eigenschaften, anstatt mit der Situation zu erklären, ist so stabil und allgegenwärtig, dass sie Fundamentaler Attributionsfehler genannt wird (engl. *correspondence bias).*

Ein Fundamentaler Attributionsfehler führt uns gerade in der Teamarbeit oft auf die falsche Fährte. Teams bilden Rollen aus, manche sind besetzt, manche noch vakant. Die Teamsituation hat einen großen Einfluss darauf, wie wir uns in dem Team verhalten. Doch wahrzunehmen, dass ein:e Kolleg:in sich in einem anderen Kontext womöglich ganz anders verhalten würde, fällt schwer.

Die Teams, mit denen wir in unserer Studie sprachen – und das war die erste große Überraschung –, erlebten wir anders. „*Wie* macht *ihr* es?" lautete unsere Forschungsfrage, und wir waren nicht die Ersten, die diese Frage stellten. Für alle Teams war dies eine vertraute Frage. „Wie machen wir es miteinander?", fragen sich unsere Teams. Selbstorganisation bringt die Frage nach dem *Wie* und das Team in das Bewusstsein und ins Gespräch. Alle sind sich der Tatsache bewusst, dass sie ein Team sind, welches sie selbst durch ihr Tun gestalten. Diese Art von Team-Sein passiert nicht einfach, es ist das Ergebnis einer Form der Kooperation.

Es gibt ein Bewusstsein dafür, dass sich die Frage, ob die Zusammenarbeit gut funktioniert, mindestens so sehr an der Art und Weise der Kooperation und Kommunikation entscheidet, wie an der Frage, ob ich die individuellen Mitglieder passend finde, ob ich sie mag oder nicht mag. Diesen expliziten Blick auf das Team als relevante zu gestaltende Größe nennen wir Kontextbewusstsein.

Kontextbewusstsein zeichnet alle Teams aus, mit denen wir gesprochen haben, und prägt gemeinsame Denk- und Handlungsmuster, die wir als eine wiederkehrende, die Teams verbindende Kultur erlebt haben.

Die Gemeinsamkeiten dieser Kultur, die wir vorgefunden haben, lassen sich beschreiben:

- **Das Team ist relevant und darüber wird gesprochen.** Unsere Teams waren außerordentlich mitteilungs*willig*, mitteilungs*freudig* und mitteilungs*fähig*. In den Gesprächen wurde schnell deutlich, dass alle Teams Erfahrung damit haben, über sich als Team und das eigene Tun zu sprechen. Sie können ihre Prozesse beschreiben und verfügen dazu über ein breites Vokabular. Über das „Wie machen wir das?" zu sprechen, ist nicht wie sonst häufig ein Sonderfall für Konflikte oder Krisenzeiten, sondern die Regel. Reflexion ist Teil der Arbeitsroutine. Davon profitieren die Teams in sehr hohem Maße. Sie ermöglicht ihnen die Selbstorganisation.

- **Unser Team ist interessant.**
  Eine weitere Gemeinsamkeit, die den Umgang untereinander und mit uns prägt, ist ein großes und selbstverständliches Interesse aneinander und an der Art der Zusammenarbeit. Selbstorganisation beginnt auf Teamebene. Wie die Teams es machen, spiegelt das Verständnis von Selbstorganisation der jeweiligen Organisationseinheit. Das Selbstverständnis unserer Teams lautet: Wir bringen Theorie in die Praxis, entwickeln und versuchen Neues, und das ist interessant und relevant. In den meisten Teams wurden kontroverse Sichtweisen weitgehend toleriert. „Wir sind uns einig, dass wir uneinig sind" wird nicht als Bedrohung wahrgenommen, sondern als Normalität. Hier spielt sicherlich auch das Entscheidungsverfahren der Einwandbearbeitung eine wichtige Rolle. Unterschiedliche Meinungen und Einschätzungen führen nicht zu Stillstand, sondern zu unterschiedlichen Wegen und Erfahrungen.

- **Führung als Dienstleistung: Wir machen gute Arbeit und haben eine gute Führung verdient, die uns auch mal etwas abnimmt.**
  Die Teams sprachen allesamt äußerst positiv über ihre Führung. Das hat uns zunächst überrascht. Wir hatten uns vorab vielmehr gefragt, ob Selbstorganisation überhaupt Führung braucht oder gar verträgt. Und wenn ja, wozu. Diese Frage stellte sich jedoch unseren Teams nicht. Das Führungsverständnis, das uns hier begegnet, ist ein Dienstleistungsverständnis: Wir machen unsere Arbeit gut, und wer das als Führungskraft unterstützt, ist willkommen. Führung ist nützlich, sie hilft uns, den Kopf und den Rücken frei zu haben für die wichtigen Aufgaben im Job. Führung wird auffallend wenig als störend oder behindernd erlebt. Im Gegenteil, wer so viel

Aufwand um die Arbeitsfähigkeit betreibt, wie Teams in der Selbstorganisation dies tun, weiß zu schätzen, dass Führung etwas abnehmen kann, was man sonst selbst tun und integrieren muss (wie schwierige Personalgespräche führen oder den Ressourcenkonflikt mit einem Nachbarteam klären).

Dieses Dienstleistungsverständnis führt auch zu einem weitgehend unaufgeregten Umgang mit Führung. Von Angst wurde nirgendwo berichtet (und das kennen wir sonst durchaus). Wenn in den Interviews Mitglieder verschiedener Hierarchieebenen teilnahmen, weil die Teams quer durch die Linienorganisation besetzt sind, spielte dies in den Interviews ebenfalls keine herausragende Rolle.

- **Wir sind Veränderung.**
Veränderung ist in allen Teams Teil der Gründungsgeschichte und positiv besetzt. Ob Start-up oder Konzern: Selbstorganisation wurde eingeführt und die Teams gegründet, um Innovation, Flexibilität und Aufbruch zu Neuem zu ermöglichen. Veränderung ist normal, wird erwartet und aktiv gestaltet. Daher sind die Teams ständig damit beschäftigt, Neues zu denken, zu gestalten zu integrieren. Sie haben auch nicht das Bild vor Augen, eine Veränderung umzusetzen, um dadurch eine neue Stabilität zu erreichen (im Sinne Kurt Lewins). Ihre große Herausforderung ist, trotzdem genug Zusammenhalt und Stabilität zu gewährleisten, damit sich Mitarbeitende zugehörig fühlen können. Erstarrung – ein Risiko, dass wir aus vielen hierarchisch eingebetteten Teams kennen – bedroht unsere Teams nicht. Ihr Risiko ist eher der Zerfall.

Aus der psychologischen Forschung: Das Change-Modell von Kurt Lewin

Kurt Lewin entwickelte ein Change Modell, das bis heute viel Beachtung erfährt. Danach verlaufen Veränderungsprozesse in drei Phasen: Unfreeze, Change und Refreeze. Unfreeze bezeichnet die Phase, in der die Notwendigkeit zum Change akzeptiert wird. Die Akteure sind bereit, Bestehendes infrage zu stellen und zu verändern, es gibt ein Bild, dass Veränderung zu einem positiven Ergebnis führen kann. Change ist der eigentliche Veränderungsprozess, während dem Neues entwickelt und implementiert wird. Refreeze festigt diese Veränderung, macht Neues zur verbindlichen Norm und soll verhindern, dass zentrale Akteure in alte Muster zurückfallen. Kurt Lewin ging davon aus, dass in organisationalen Veränderungsprozessen stets zwei Kräfte wirksam sind. Die Kräfte, die die Veränderung vorantreiben (driving forces), und die Kräfte, die Bestehendes bewahren (restraining forces). Nur wenn beide Kräfte vertreten sind, ist gewährleistet, dass wirklich Neues gewagt wird (driving forces) und gleichzeitig das bewahrt wird, was für den Erfolg der Organisation und für die Identifikation der Mitglieder notwendig ist (restraining forces).

Das Verständnis von Veränderung hat sich in der Selbstorganisation und im agilen Arbeiten deutlich weiterentwickelt. Es geht heute häufig nicht mehr darum, eine neue Stabilität zu erreichen, dafür ist die Umwelt viel zu dynamisch. In Selbstorganisation und agiler Arbeitswelt ist es das Ziel, ein Gleichgewicht zu finden, in dem Veränderungen möglich sind und bleiben.

- **Wir sind der Fortschritt.**
  In allen Gesprächen zeigte sich: Selbstorganisation wird nicht als Alternative zur klassischen Hierarchie angesehen, sondern als eine Weiterentwicklung. Die Teammitglieder erleben sich als den Teil der Organisation, der zu Neuem aufbricht und so auch die jüngeren Generationen anspricht. Sie sind das Neue, Innovative und Moderne. Selbstorganisation und Hierarchie stehen zwar im Organigramm nebeneinander, in der Wahrnehmung unserer Interviewpartner aber nicht. Man ist stolz, am Puls der Zeit zu sein, wieder in einer hierarchischen Logik zu arbeiten, wäre in jedem Fall ein Rückschritt.

- **Wir sind Teil einer gesellschaftlichen Entwicklung.**
  Zum Fortschrittsgedanken gehört auch das Selbstbild, Teil von etwas zu sein. Unsere Teams verstehen sich als Teil eines breiter angelegten Aufbruchs, Organisationen und die Arbeitswelt grundlegend zu verändern. Auch wenn viele Lösungen und Methoden individuell entwickelt oder angepasst werden, so sind doch alle Teams

und die sie umgebenden selbstorganisatorischen Einheiten methodisch und theoretisch eingebettet. Auch wenn Methoden nicht 1:1 umgesetzt werden, es gibt sie als Referenz. Das ist neu. Zahlreiche Konzerne haben sich zum Austausch über diese individuellen Lösungen zusammengeschlossen (KASO – Konzernaustausch Selbstorganisation). Selbstorganisation ist hier die identitätsstiftende Gemeinsamkeit.

- **Das Innen braucht ein passendes Außen.**
  Die neue, verschobene Grenze zwischen privat, persönlich und beruflich spiegelt sich auch in der Arbeitsumgebung. Bis auf zwei Ausnahmen sehen die Arbeitsbereiche eher nach WG als nach Büro aus: In einem bunten Umfeld gab es Kicker, Ecken mit Sitzsäcken und Limoflaschen, Küchen zum gemeinsamen Kochen, verschiedene Tische, aber keine festen Arbeitsplätze. Selbstorganisation ersetzt Kontrolle durch Transparenz, und einen Teil dieser Geschichte erzählen die Wände. Hier werden gemeinsam Ziele und Visionen, aber auch aktuelle Sprintplanungen oder Projektplanungen auf Kanban Boards für alle sichtbar dokumentiert. Die Gestaltung der Räume spiegelt den Prozess.

Kapitel 5: Die sechs Teamaufgaben der Selbstorganisation

Was macht „erfolgreiche Teams in der Selbstorganisation" aus und wie gelingt es ihnen, sich als Team zu entwickeln, arbeitsfähig zu sein und zu bleiben?

Das Modell der sechs Teamaufgaben der Selbstorganisation

Die von uns befragten Teams sind sich der Notwendigkeit, ihre Zusammenarbeit zu organisieren, bewusst. Sie verfügen über ein umfangreiches Methodenrepertoire, Gewohnheiten und Handlungsroutinen. Die Auswertung der Teamgespräche hat sechs zentrale Aufgaben aufgezeigt, die sich den interviewten Teams stellen, wenn sie ihre Zusammenarbeit organisieren. Diese haben wir im Modell der sechs Teamaufgaben in der Selbstorganisation zusammengefasst.

Die sechs Teamaufgaben in der Selbstorganisation im Überblick

1. Mit der Außengrenze umgehen

Das heißt, den eigenen konkreten Entscheidungs- und Handlungsspielraum kennenlernen, ausloten, gestalten und verhandeln; über Mitgliedschaften und über Aufgaben entscheiden; Konflikte an den Außengrenzen bearbeiten.

2. Den Zusammenhalt wahren und für Kontinuität sorgen

Das heißt, ein gemeinsames Wir entwickeln und trotz sich verändernder Anforderungen, trotz individuell sehr unterschiedlicher Arbeitsbedingungen (verschiedene Verträge, Bezahlung, geografische Bedingungen etc.) zeitüberdauernde, bindende Arbeitsbeziehungen schaffen.

3. Der Zusammenarbeit eine Form geben

Das heißt, gemeinsam im Team Regeln für Kommunikation, Kooperation und Informationsweitergabe definieren und entscheidungsfähig werden.

4. Führungsaufgaben verteilen und Führung organisieren

Das heißt, Leitungsfunktionen und -rollen im Team beschreiben, verteilen, überprüfen und sich kontinuierlich mit der Gestaltung dieser Rollen auseinandersetzen.

5. Mitgliedern als Personen einen Platz bieten

Das heißt, Mitglieder als Personen mit Bedürfnissen und individuellen Geschichten integrieren; ihnen neben der fachlichen Rolle auch persönlich einen Platz bieten und gemeinsam die Grenze zwischen beruflich und privat bzw. persönlich gestalten.

6. Lernen aus den Erfahrungen als Team

Das heißt, sich im Sinne der ersten fünf Aufgaben organisieren und gemeinsam reflektieren, wie gut oder schlecht diese gemeinsame Arbeit gelingt; Methoden entwickeln, um aus gemachten Erfahrungen zu lernen und sich als Team zu entwickeln.

In den folgenden Abschnitten werden wir die Ergebnisse der Untersuchung gegliedert nach den sechs Aufgaben wiedergeben. Diese Ergebnisse sind kein normative Empfehlung, wie es richtig geht. Vielmehr dient die Darstellung der Aufgaben dazu, die eigene Praxis einzuordnen und zu reflektieren.

5.1 Mit den Außengrenzen umgehen

„Ich habe es als Highlight erlebt, dass wir ein teambezogenes Gehaltsentwicklungskonzept entwickelt haben, das zu uns passt. Diese Entwicklung hat das WIR gestärkt … Nur bei den Tiefpunkten habe ich es auch hingeschrieben, denn es wurde noch nicht eingeführt. Warum wir nicht auf die Leistung Einzelner setzen wollen, das konnten wir

dem Mutterkonzern noch nicht verständlich machen ... das heißt, die Einführung wurde gestoppt."

Ob und inwieweit sich Teams in Organisationen selbst steuern können und wie sie dies tun, hat sehr viel damit zu tun, wie sie ihre Grenzen gegenüber ihren Umwelten gestalten. Diese Grenzziehungen sind unvermeidliche Aufgaben – ohne sie können die Teams nicht als soziale Einheiten wahrgenommen und angesprochen werden. Dabei geht es um Fragen wie:

- Wer gehört zum Team und wer nicht?
- Wie kommt man rein, wie raus?
- Was gehört zu den Aufgaben des Teams, was nicht?
- Was sind Grauzonen und mit wem können sie geklärt werden?
- Wie kommen neue Aufgaben ins Team?
- Wie verlassen erledigte Aufgaben das Team?
- Was sind die Orte, an denen sich das Team trifft bzw. an denen man das Team antreffen kann?
- Wer hat nach welchen Regeln Schlüssel oder Passwörter zu physischen oder virtuellen Räumen?

Unterschiedliche Grade der Selbstorganisation

Alle untersuchten Teams arbeiten innerhalb hierarchischer Unternehmensstrukturen. Es gibt immer eine Schnittstelle, bei der die Selbstorganisation des Teams auf die hierarchische Struktur von außen trifft. In der hierarchischen Struktur wird durch Ressourcen- und Aufgabenzuweisung sowie durch prozessuale Vorgaben der Rahmen gesetzt, in dem Selbststeuerung stattfinden kann und soll. Der Freiraum, über den die einzelnen Teams verfügen, ihre eigenen Belange selbst zu bestimmen, ist unterschiedlich ausgeprägt.

Manche Teams können frei entscheiden und eigene Regeln entwickeln, wer zum Team gehört. Andere Teams werden von der Organisation zusammengesetzt, und die Teammitglieder können innerhalb dieser festen Zusammensetzung ihre Kooperation gestalten. Wir haben Teams, die sehr viel Gestaltungsspielraum haben. Diese entscheiden, welche und wie viele Aufgaben sie übernehmen, welche sie nicht übernehmen und wie sie diese umsetzen. Andere haben eher geringe Gestaltungsspielräume. Ihnen werden Aufgaben vorgegeben und sie entscheiden, wie sie deren Bearbeitung organisieren. Die meisten Teams liegen in Bezug auf den Grad ihrer Selbstorganisation zwischen diesen beiden Polen.

Im Hinblick auf den Grad der von der umgebenden Organisation zugestandenen Selbstorganisation lassen sich vier Typen identifizieren, wie folgende Abbildung zeigt:

Die Typen I-III entsprechen in etwa der Einteilung von Richard Hackmann[1], der Teams nach dem Grad ihrer Selbstbestimmung unterteilt in a) sich selbstführend, b) sich selbstgestaltend und c) sich selbstbestimmend (siehe Kapitel 1, S. 37. Der Grad der Selbststeuerung wird (auch) davon beeinflusst, inwieweit die zu erfüllende Aufgabe in externe Abhängigkeiten eingebunden ist und inwieweit sie standardisiert und wiederholbar ist.

Typ I: Am unteren Ende der Skala befinden sich Teams, die bestimmte Mengen zu einem festgelegten Zeitpunkt liefern müssen und von deren Ergebnissen die Arbeitsschritte anderer unmittelbar abhängen. In unserer Studie konnten diese Teams:

- die jeweiligen Arbeitszeiten den individuellen Bedürfnissen anpassen,
- die Nutzung von Maschinen und Ressourcen in der jeweiligen Schicht oder Arbeitsphase planen,

[1] Hackmann, 1986.

- sich gegenseitig qualifizieren, unterstützen, in unterschiedlichste Aufgaben wie die Bedienung von Produktionsmaschinen einführen, sodass alle möglichst flexibel einsetzbar sind,
- „Teamtreffen" vereinbaren, um die Arbeit zu reflektieren, zu organisieren und nach Verbesserungen zu suchen.

Typ II: Diese Teams können auch über Umfang und zeitliche Abläufe entscheiden. Unsere Studie ergab, dass es den Mitgliedern solcher Teams zudem möglich ist, Einfluss auf die eigene Teamzugehörigkeit zu nehmen. Viele dieser Teams entwickeln Software unterschiedlicher Art. Sie sind eng mit den Teams ihrer Mitproduzent:innen und ihrer internen und externen Kund:innen verbunden. Über die Gestaltung ihrer Zusammenarbeit hinaus können sie

- die Aufgaben, auch die koordinierenden und Führungsaufgaben, unter sich verteilen,
- Einfluss auf den Umfang und die Dauer der jeweiligen Arbeitspakete nehmen (Sprints planen, Freigabe- und Testtermine entscheiden oder verschieben),
- iterative Feedbackschleifen mit internen und externen Interfaces einführen und umsetzen.

Typ III: Teams, die neben ihren Arbeitsabläufen, ihrer Aufgaben- und Rollenverteilung auch ihre Ziele und inhaltlichen Projekte im Rahmen ihrer grundsätzlichen Aufgabe wie „Innovation" oder „Organisationsentwicklung" selbst festlegen können, zählen wir zum Typ III. Ihre Produkte sind in der Regel Einzelstücke, Erfindungen oder Dienstleistungen, die häufig an die spezielle Situation der internen Kunden angepasst werden müssen und die im Sinne eines Vorschlags oder eines Prototyps in die Organisation oder in ein Entscheidungsgremium zurückgespielt werden.

Über die Gestaltung der Zusammenarbeit und der Arbeitsabläufe hinaus können diese Teams

- ihre Ziele definieren und Inhalte gestalten,
- sich Themen und Aufgaben suchen und sich für oder gegen die Übernahme und Umsetzung dieser Themen entscheiden,
- bei der Aufnahme neuer Kolleg:innen mitsprechen und Einfluss nehmen.

Typ IV: Am oberen Ende der Skala finden wir einen gänzlich anderen Typ der Selbstorganisation, den wir mit „Parallelwelt" bezeichnen.

Selbstorganisation findet hier in Ergänzung zur Regelarbeit freiwillig und zusätzlich statt. Es handelt sich um einen selbstinitiierten Zusammenschluss der an dem jeweiligen Thema interessierten Mitarbeiter:innen.

Diese Teams entscheiden als Einzige auch darüber, *ob* sie überhaupt etwas tun und wenn ja, zu welchem Thema. Sie sind lediglich an den Zweck (den Purpose) der Organisation gebunden.

In Teams vom Typ IV treffen sich Mitarbeiter:innen unterschiedlicher Professionen und Hierarchiestufen und arbeiten an unternehmensübergreifenden (Querschnitts-) Fragen wie der Gewinnung und Entwicklung junger Mitarbeiter:innen oder der Verbesserung der Bedingungen des Außendienstes des Unternehmens. Die Organisation kann diesen Teams (eigentlich) keine Aufträge erteilen. Solange sie dem Purpose und der Strategie der Gesamtorganisation dienen, sind sie frei in der Gestaltung ihrer Arbeitsweisen, ihrer einzelnen Projekte und Ziele. Die Organisation hat sich verpflichtet, sich mit ihren Produkten auseinanderzusetzen, jedoch haben die Teams kein Recht darauf, dass etwas aufgenommen oder umgesetzt wird. Die Organisation(-sleitung) begrüßt und unterstützt diese selbstgesteuerten Teams und ihre Initiativen, stellt aber keine Arbeitszeit dafür zur Verfügung. Es existieren somit zwei Organisationslogiken nebeneinander: die hierarchische, in Funktionsbereiche differenzierte Organisation und das selbstorganisierte Netzwerk von Teams zu übergreifenden Themen und Aufgaben.

Die Einteilung der Teams in unterschiedliche Typen der Autonomie sagt nichts über die Qualität der Selbstorganisation aus. Mehr Selbstorganisation/Selbststeuerung ist nicht automatisch besser als weniger Spielraum. Unterschiedliche Themen, Aufgaben und Abhängigkeiten erfordern unterschiedliche Grade an Selbstorganisation. Alle untersuchten Teams waren erfolgreich, weil sie den zur Verfügung stehenden Spielraum gut genutzt haben.

Über alle Teams und Typologien hinweg zeigt sich eine klare Tendenz: Kein Team fand seine Freiheitsgrade zu groß, viele Teams wünschten sich sogar mehr Möglichkeiten der Selbstorganisation. Die Möglichkeit eines Zurück zu weniger Freiheitsgraden wurde in allen Teams als Rückschritt abgelehnt.

Koexistenz von Hierarchie und Selbstorganisation ist möglich

An den Grenzen aller Teams treffen zwei Welten aufeinander, die nach verschiedenen, zum Teil gegensätzlichen Leitideen arbeiten: auf der einen Seite die weitgehende Gleichberechtigung im Team, bei der alle auf Entscheidungen Einfluss nehmen können, auf der anderen Seite die hierarchische, übergeordnete Führungsposition, die Entscheidungen über oder für das Team treffen kann und die dessen Spielraum definiert.

Alle Teams berichten von Konflikten und Spannungen, die an diesen Grenzen regelmäßig auftreten, jedoch werden die beiden Welten nicht als unvereinbar erlebt. Niemand stellt die Koexistenz infrage. Die verantwortlichen Leitungspersonen an dieser Schnittstelle werden akzeptiert und geschätzt. Das hat uns überrascht und zeigt, dass die beteiligten Führungskräfte ein spezielles Verständnis ihrer Rolle entwickelt haben, um zwischen beiden Welten zu vermitteln. Sie unterstützen die Selbststeuerung der Teams und fordern sie gleichzeitig heraus. Gleichwohl sind die Schnittstellen zwischen Selbstorganisation und Hierarchie Konfliktquellen, die kontinuierlich Aufmerksamkeit brauchen.

Drei Typen von Konflikten an den Außengrenzen

An den Außengrenzen stoßen die Teams, ihre Interessen, ihre Aufgaben und ihre Form der Arbeitsorganisation häufig auf Widerspruch und Unverständnis. Es kommt zu Konflikten, die sich auch in den Lebenslinien der einzelnen Teams abzeichnen.

Wir haben drei verschiedene Konfliktmuster an den Außengrenzen identifiziert:

1. Die Auseinandersetzung um den Grad der Selbstbestimmung: Was darf oder muss im Team verantwortet werden? Was wird „von oben" geregelt?
2. Horizontale Konflikte mit kooperierenden Teams: Teammitglieder kämpfen um Anerkennung und Einfluss bei selbstorganisierten und nicht selbstorganisierten Nachbarteams.
3. Selbstbestimmt, aber möglicherweise bedeutungslos: die Grenzen zwischen den „Parallelwelten".

1. Die Auseinandersetzung um den Grad der Selbstbestimmung

Aus Sicht unserer Teams kann der gewährte Freiraum durch Auftraggeber:innen oder die Mutterorganisation zu klein oder unklar sein, aber nicht zu groß. Ein Weniger an Selbstorganisation und Freiheit wünscht sich keines der Teams. Allerdings müssen die Freiräume auch mit den Möglichkeiten einhergehen, sie nutzen zu können. Teams berichten von Konflikten, wenn Aufträge und Freiheitsgrade zwar groß sind, die Ressourcen und Bevollmächtigungen aber fehlen, um die Aufträge selbstorganisiert umzusetzen.

> *„Sind wir Dienstleister für die Mutterorganisation oder Partner auf Augenhöhe, der auch Kontra geben kann? Das ist unklar. Wir kämpfen mit freundlichen, aber harten Bandagen."*

Gegen klar gesetzte Grenzen, die als zu eng empfunden werden, anzukämpfen, ist ungleich schwerer:

> *„Wir hatten ziemlich starke Auseinandersetzungen, weil viele Vorgaben von oben kamen und uns diktiert wurden, wie wir die Sachen machen sollten. Das war im Team nicht akzeptiert. Und dann gabs sehr, sehr viele Diskussionen, wie man das Projekt so verändert und aufsetzt, wie wir es uns als Team vorstellen."*

Mehrere Teams beschrieben eine Art Doppelbotschaft, die sie aus der Organisation empfangen. Wenn Unklarheit der Führung direkt an die Teams weitergegeben wird, kostet es Kraft und führt zu Unmut im Team:

> *„Wir dürfen uns selbst organisieren, aber wenn es nicht in den Kram passt, dann werden bilaterale Gespräche geführt und Vorgaben gemacht. Da weiß ich nicht, wo das anfängt und wo das aufhört. Da würde ich mir mehr Klarheit wünschen."*

Probleme gibt es auch bei Entscheidungen, die das Team nicht treffen darf, die Hierarchie aber auch nicht zeitnah trifft. So berichteten mehrere Teams, dass sie selbst gelernt hatten, Entscheidungen zügig zu treffen, die Freigabe durch die Mutterorganisation aber häufig viel Zeit benötige. Die formalisierten, hierarchisch besetzten Entscheidungsgremien der Mutterorganisationen erleben unsere Interviewpartner als Flaschenhals, der ihnen die tägliche Arbeit erschweren kann.

So beklagte sich ein nach Scrum arbeitendes IT-Team, dass es im Sinne der qualitätssichernden iterativen Prozesse, regelmäßig, direkt und formlos mit den Usern sprechen müsse. Das Regelwerk der Mutterorganisation untersage jedoch diese Form des direkten, nicht explizit genehmigten Kontakts mit externen Kund:innen.

Die Teams sehen in festen, eindeutigen Regeln zwar nicht immer die bessere Lösung, fordern sie aber. Klare Regeln sind dann gut, wenn sie genug Gestaltungsraum geben. Unklare Regeln erlauben leichter Austesten, Grenzübertritte und Neuverhandlungen. Teams scheinen zu profitieren, wenn die Grenze der Selbststeuerung beweglich, verhandelbar und lebendig bleibt.

2. Horizontale Konflikte mit kooperierenden Teams

Die Kooperation mit anderen Teams – seien diese hierarchisch geführt oder ebenfalls selbstorganisiert – sind weder einfach noch spannungsfrei. Wiederholt wird berichtet, dass Mitglieder der selbstorganisierten Teams ohne eine mit formaler Macht ausgestattete Teamleitung nicht so ernst genommen werden. Den Kampf um knappe Ressourcen gewinnt eher, wer über formalisierte Macht verfügt.

> *„Wir haben keine Teamleiter:innen, wir haben Rollen. Wenn dann ein vermeintlich einfaches Teammitglied kommt und was will, ist die Akzeptanz deutlich geringer, als wenn eine offizielle Teamleiter:in kommt. Da erreichst du weniger. Das ist ein echtes Problem. Wenn es wichtig ist, dann fragst du schon mal eine Führungskraft, deinem Anliegen Nachdruck zu verleihen. Ressourcenkonflikte werden über die Hierarchie gespielt."*

> *„Gegenwind bekommen wir von früheren Kollegen. Sie sagen, ihr kapselt euch so ab."*

Die Möglichkeiten der Teams, mit kooperierenden Einheiten strittige Fragen zu klären, sind begrenzt. Es fehlt das Vieraugengespräch, in dem zwei Teamleitungen Themen besprechen können. Zwischen selbststeuernden Teams scheinen die Intergruppenkonflikte eher zuzunehmen. Gute Kooperation zwischen den Teams ist abhängig von der Qualität der persönlichen Beziehungen sowie dem Geschick und der Durchsetzungskraft einzelner Teammitglieder. Eine Vielzahl möglicher Ansprechpartner macht Klärungen zusätzlich komplex. Strittige Themen zwischen einzelnen Teams sind oft nur mithilfe von hierarchisch übergeordneten Führungskräften oder mit neutralen Dritten zu klären.

Die Regelung horizontaler Konflikte zwischen selbststeuernden Teams braucht besondere Aufmerksamkeit. Die Befragten in unserer Studie zeigten sich selbst überrascht, als sie feststellten, dass an dieser Stelle die Konflikte zunehmen, und hatten auch erst einmal keine Erklärung dafür. Obwohl die meisten Teams von diesen Konflikten berichteten, vermuteten die Beteiligten, dass da etwas persönlich nicht zusammenpasse (Fundamentaler Attributionsfehler, siehe Kapitel 4, S. 112). Deswegen fehlen auch Überlegungen, wie Spannungen an horizontalen Schnittstellen bearbeitet werden können, ohne über die Hierarchie zu gehen.

3. Selbstbestimmt, aber möglicherweise bedeutungslos: die Grenzen zwischen den „Parallelwelten"

Diese Konfliktlinie bezieht sich auf die Teams des oben genannten Typ IV. Die lockere Verbindung zwischen den befragten Teams vom Typ IV und der hierarchischen Organisation („Parallelwelten") bringt eine spezifische informelle Grenzziehung hervor. Einige der ranghohen Mitglieder nutzen ihren hierarchischen Einfluss, um die Anliegen der Teams bei den geeigneten Adressaten zu vertreten und dafür zu werben. Sie verleihen den Anliegen der Teams die notwendige Durchsetzungskraft, die die offiziellen Vertreter:innen allein nicht entfalten können.

> *„Da stößt die Selbstorganisation mit ihrer Hierarchielosigkeit auf die Fachabteilung. Die Fachabteilungen müssen Rücksprache mit ihren Vorgesetzten halten. Wir können einfach loslegen. Wir sind ein kultureller Bruch."*

Doch das gelingt nicht immer. Wenn die selbstorganisierten Teams viel leisten und produktiv sind, heißt das noch nicht, dass sie auch gesehen werden.

> *„Die Anerkennung durch das deutsche und das internationale Management fehlt. Man hatte den Eindruck, wir rödeln hier und es sieht und schätzt keiner. Das Gefühl, keine Priorität zu haben, das war so ein Tiefpunkt."*

Gerade die selbstorganisierten Teams, deren Mitglieder sich freiwillig und zusätzlich zur täglichen Arbeit engagieren, sind auf die Beachtung ihres Engagements und die Unterstützung ihrer Vorschläge angewiesen.

Ein formaler Arbeitsauftrag an die selbstorganisierten Teams in der „Parallelwelt" ist eine Grenzüberschreitung der Hierarchie gegenüber den selbstorganisierten Teams. Da die Teams zusätzlich zu ihrer sonstigen Arbeit aktiv sind, fehlt eigentlich jegliche Grundlage für verpflichtende Arbeitsaufträge. Eigentlich.

Wir waren an einer Stelle im Interview irritiert, als wir erfuhren, dass ein solches Team einen Auftrag bekommen hat. Uns wurde es folgendermaßen erklärt.

> *„Es ist nicht so, dass M. gesagt hat, ihr müsst jetzt diese Konzepte entwickeln. Wir müssten nicht, aber wir haben als Organisation keine Wahl. Wenn wir xy jetzt nicht selbst entwickeln, dann bekommen wir es vom Konzern vorgegeben, und das möchten wir nicht. So viel zum Hintergrund, wie es zu einem Projekt mit Timeline in einem selbstorganisierten, freiwilligen Team kommt."*

Ähnlich dem erwähnten Projekt wurden auch andere Aufgaben an dieses Team herangetragen, und es konnte der Versuchung nicht widerstehen, Einfluss zu nehmen. Der Preis dafür war, vor allem wegen der Timeline, nach den Regeln der anderen Welt spielen zu müssen. Der Gewinn sind Bedeutung, Sichtbarkeit und Einfluss. Interessant ist, dass diese Koexistenz offensichtlich kein kurzes Durchgangsstadium ist, sie wird seit mehreren Jahren praktiziert. Beide Seiten scheinen genügend davon zu profitieren.

Zur Psychologie der Intergruppenkonflikte

Intergruppenkonflikte haben eine psychologische Funktion für Teams, die nicht zu unterschätzen ist. Diese ist ganz unabhängig von Inhalten, Organisationskultur, mehr oder weniger Selbstorganisation und kann viele Konflikte an Außengrenzen zumindest erklären helfen. Denn Konflikte an den Außengrenzen haben eine stabilisierende Funktion für ein Team. Selbst wenn es gar keinen Anlass gibt, kann ein Konflikt an der Außengrenze das Team nach innen stärken. Des Weiteren gilt, dass die reine Zugehörigkeit zu einem Team schon zu einer positiven Bewertung dieses Teams und einer klaren Abgrenzung nach außen führen kann (Ingroup/Outgroup).

Aus der psychologischen Forschung: Das Minimal Group Paradigma (Ingroup/Outgroup)

Das *Minimal Group Paradigma* geht auf den Sozialpsychologen Henri Tajfel (1919–1982) zurück, der gezeigt hat, dass Gruppenzugehörigkeit per se die Wahrnehmung und Bewertung der Eigengruppe und Fremdgruppe beeinflusst. Wir bevorzugen die eigene Gruppe auch dann, wenn die Gruppenbildung zufällig oder nach irrelevanten Kriterien verläuft. So haben Tajfel und Team Versuchsteilnehmende zufällig auf zwei Gruppen aufgeteilt, indem man ihnen mitteilte, sie hätten, wie die anderen in ihrer Gruppe auch, Punkte auf einer Kinoleinwand vermeintlich über- oder unterschätzt. Später haben die Forscher:innen die Gruppenzugehörigkeit vor den Augen der Teilnehmenden gelost. Es war eine offensichtlich rein zufällige Gruppenzugehörigkeit. In all diesen Studien zeigte sich ein stabiles Muster: Ohne jegliche Interaktion zwischen den Gruppen finden wir tendenziell die eigene Gruppe sympathischer, halten sie für kompetenter und sind bereit, sie zu belohnen. Teilnehmer:innen bemühten sich um Fairness für beide Gruppen und wiesen am Ende doch der eigenen Gruppe zwar nicht alle, aber doch die meisten Ressourcen zu. Die Bevorzugung der Eigengruppe findet unabhängig von jeder politischen Orientierung, sozialen Situation oder der Frage statt, ob ich eher in eine hierarchische oder selbst gesteuerte Organisationslogik eingebunden bin.

Diese Form der Konkurrenz beflügelt, kann aber auch zu Konflikten oder Abwertungen führen, insbesondere dann, wenn die eigene Identität unklar ist oder als nicht stimmig erlebt wird (Theorie der Sozialen Identität).

Aus der psychologischen Forschung: Die Theorie der Sozialen Identität

In den 1980er-Jahren formulierten Tajfel und Turner die Theorie der Sozialen Identität. Nach dieser Theorie prägt unsere soziale Identität (neben der kulturellen und der individuellen Identität) maßgeblich unser Selbstkonzept. Sie bildet sich aus unserer Mitgliedschaft in bestimmten sozialen Gruppen und der Bedeutung und emotionalen Bewertung, die wir diesen Mitgliedschaften geben. Wir bewerten die Gruppen, zu denen wir gehören, indem wir sie mit relevanten Außengruppen vergleichen. Wirkt sich unser Außengruppenvergleich negativ auf unsere soziale Identität aus, stehen uns verschiedene Strategien zur Verfügung, das zu ändern: Wir können uns mit einer anderen Gruppe vergleichen – nicht mit dem Scrum-Team im Nebenraum, wo es immer so fröhlich klingt. Ein anderer Weg wäre, das Vergleichskriterium zu wechseln: Ich frage nicht mehr, wo die Stimmung besser ist, sondern welches Team die besseren Ergebnisse produziert, und versichere mir, dass unsere Ergebnisse elaborierter sind. Eine dritte Strategie ist die Aufwertung der eigenen Gruppe. Wenn es mit diesen Strategien nicht gelingt, die eigene Gruppenzugehörigkeit positiver zu bewerten, versuchen Menschen – so die Vorhersage der Theorie der Sozialen Identität – die Gruppe zu wechseln.

Mit den Außengrenzen umgehen: erstes Fazit

- Spannungen und Konflikte entstehen aus Sicht der Teams vor allem an ihren Außengrenzen. Dabei geht es einerseits um die Klärung des eigenen Handlungsspielraums, andererseits um Konflikte mit kooperierenden Einheiten. Mit der Bearbeitung dieser Intergruppenkonflikte sind die Teams und ihre Außenvertreter:innen viel mehr befasst als mit Spannungen innerhalb der Teams. Ohne Teamleitung oder entsprechende Funktionen erleben sie sich als wenig einflussreich in Richtung Mutterorganisation. Immer wieder müssen sie die Hierarchie einschalten.
- Die den Teams gewährten Freiräume zur Selbststeuerung sind unterschiedlich groß. Die Spannbreite reicht vom sich selbst führenden über das sich selbst gestaltende bis zum sich selbst bestimmenden Team.
- Alle Teams wünschen sich grundsätzlich mehr Selbstorganisation.
- Den Freiraum zu klären und darüber zu verhandeln, ist eine andauernde Aufgabe, die nicht durch einmalige Vereinbarungen erledigt werden kann. Der Rahmen ist nie eindeutig. Die Teams müssen sich kontinuierlich mit den gesetzten Grenzen auseinandersetzen. Unklarheiten werden auch als Spielraum genutzt.

- Teams in der „Parallelwelt“ (siehe Team-Typ IV), die als freiwillige Zusammenschlüsse keinen formellen Auftrag aus der Organisation haben, sind einerseits auf mächtige Mitglieder oder Führsprecher angewiesen, die ihre Anliegen in die hierarchische Organisation einbringen und für Aufmerksamkeit sorgen, andererseits müssen sie sich gegenüber formalen Aufträgen, die sie in ihrer Freizeit erfüllen müssten, abgrenzen.

5.2 Den Zusammenhalt wahren und für Kontinuität sorgen

„Die Stimmung ist runtergegangen, als das Team von 22 Mitgliedern weltweit auf neun geschrumpft ist. Die Kolleg:innen mussten im Tagesgeschäft mitarbeiten. Danach war die Stimmung nicht mehr gut. Jeder hat nur noch so vor sich hin gewerkelt. Es gab kein gemeinsames Projekt mehr. Das war der Tiefpunkt.“

„Hier hat Gehalt nichts mit Leistung zu tun, eher im Gegenteil. Bei uns im Team gibt es Unterschiede bis zu 100 %, die rein historisch bedingt sind.“

In erster Linie werden Teams von ihrer Aufgabe begründet und zusammengehalten. Diese Aufgaben fordern mehr oder weniger Kooperation und prägen dadurch die Dynamik in einem Team. Die Aufgaben und Rahmenbedingungen eines Teams bieten einen ersten Hinweis darauf, wie sehr ein Team auf eine funktionierende Zusammenarbeit angewiesen ist. Dazu haben wir in Kapitel 1, S. 38, das Konzept der Teamigkeit von Cornelia Edding und Karl Schattenhofer vorgestellt und diesen Analyserahmen genutzt, um anhand der sechs Dimensionen unsere Teams darzustellen (siehe die folgende Abbildung).

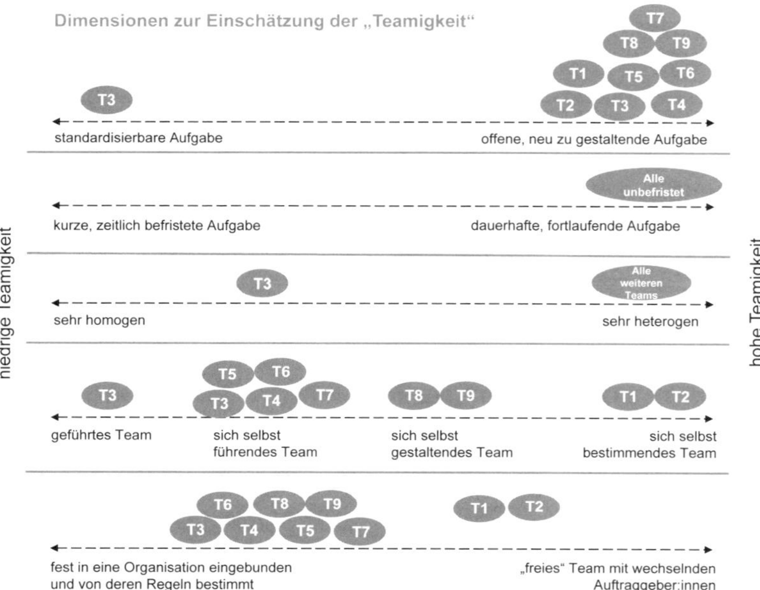

Es gilt: Je teamiger ein Team ist (umso weiter es rechts auf den Skalen ist), umso mehr Aufmerksamkeit und Pflege braucht es. Die von uns befragten Teams weisen alle eine hohe Teamigkeit auf. Sie brauchen einander. Für ihre Aufgaben ist es wichtig, dass sie effektiv zusammenarbeiten, sich als Team stabilisieren und weiterentwickeln können. Generell gilt, dass Teams mit hoher Teamigkeit mehr Bedarf an, aber auch mehr Möglichkeiten zur Teamarbeit haben.

Alle Teams – mit einer Ausnahme – haben Aufgaben zu bewältigen, die die Zusammenarbeit von Angehörigen unterschiedlicher Professionen notwendig machen.

Komplexe, nicht standardisierbare Aufgaben sorgen einerseits für gegenseitige Abhängigkeit und somit für Kooperation und Zusammenhalt. Andererseits sind sie eine Quelle für Veränderung und Entwicklung, aber auch für Störung und Verunsicherung.

Darüber hinaus zeichnen sich die Teams durch ein hohes Maß an Heterogenität aus. Sie müssen Menschen an unterschiedlichen Orten mit unterschiedlichen Professionen und Herkünften, langjährige und neue Mitarbeiter:innen unter einen Hut bringen. Zugleich kennzeichnet die Teams eine homogene Altersstruktur und das geteilte Interesse an neuen Arbeitsformen.

Alle Teams haben unbefristete Aufgaben, d.h. die Beteiligten müssen sich auf eine dauerhafte Zusammenarbeit einrichten; die Geschichte der Teams spielt eine größere Rolle als in kurzfristigen Projektgruppen.

Ihr Gestaltungsspielraum ist (unterschiedlich) groß und sie können nicht einfach auf die Regeln der sie umgebenden Organisation zurückgreifen, da sie auf mehr oder weniger großen Inseln der Selbstorganisation arbeiten.

Erfolg als Höhepunkt – Fremdsteuerung als Tiefpunkt

Alle Teams erzählen und zeichnen ihre Geschichte als Abfolge von Erfolgen mit Gefühlen der Verbundenheit und Niederlagen, die den Zusammenhalt gefährden konnten. Hier zwei Beispiele:

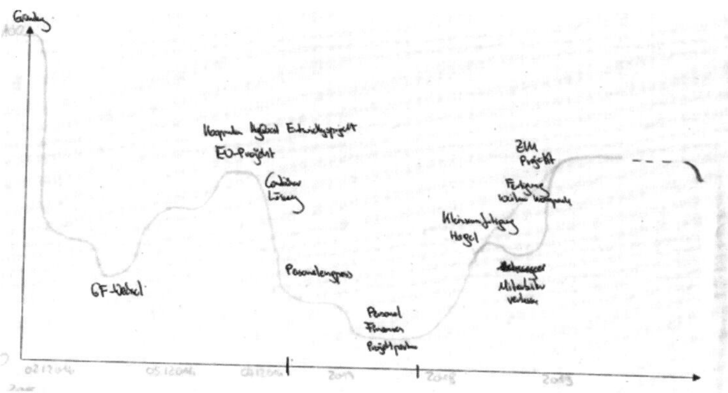

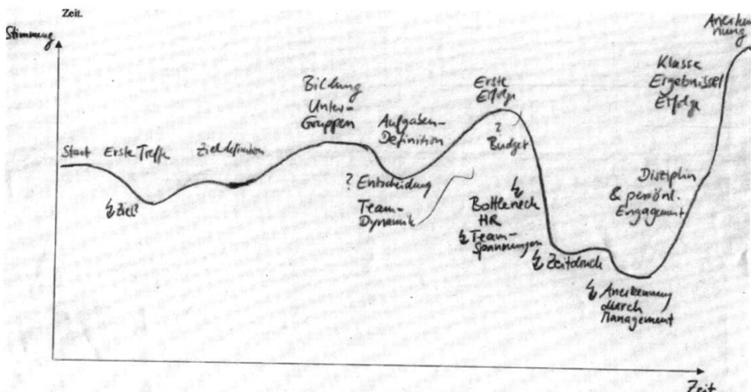

Als **Höhepunkte** ihrer Arbeit und Zusammenarbeit beschreiben die Teams überwiegend Arbeitserfolge: die Sprintziele werden erreicht, ein Produkt wird rechtzeitig abgeliefert, die guten Ergebnisse finden besondere Anerkennung von außen. Auch Anerkennung und Unterstützung für die Selbstorganisation durch das Management werden als wichtige Höhepunkte beschrieben. Des Weiteren wurden Verbesserungen in der Zusammenarbeit, eine Verbesserung des Arbeitsklimas und die erfolgreiche Klärung von Konflikten als Höhepunkte genannt. Höhepunkte sind somit Veränderungen, die das Team selbst herbeigeführt hat, Probleme, die es lösen konnte (Selbstwirksamkeit). Sie wurden häufig als Reaktion auf vorausgehende Tiefpunkte erreicht.

Als **Tiefpunkte** in ihren Lebenslinien markieren die Befragten Ereignisse, die sie als von außen zugefügt wahrnehmen und auf die sie keinen Einfluss haben: Mitarbeiter:innen werden abgezogen, es gibt Gegenwind von Kolleg:innen aus anderen Teams, man findet keine geeigneten Mitarbeiter:innen, die Anerkennung durch das Management fehlt, ein entwickeltes Konzept wird von der Geschäftsführung gestoppt, ein Projektauftrag oder eine Freigabe werden verzögert erteilt. Und immer wieder wird als Tiefpunkt genannt, wenn die Möglichkeiten zur Selbststeuerung eingeschränkt werden. Dann werden ihnen Steine in den Weg gelegt oder Vorgaben gemacht zu Entscheidungen, die sie sehr gut selbst hätten treffen können.

Auffallend ist: Höhepunkte sind eigene Leistungen; Tiefpunkte sind Momente, in denen von außen in das Team hineinregiert wird. Das mag so stimmen, aber auch hier hilft ein Blick in die Psychologie, um diese Ergebnisse richtig einzuordnen: Menschen tendieren generell dazu, Erfolge eher eigenen Leistungen und Misserfolge eher externen Faktoren zuzuschreiben (Selbstwertdienliche Attribution). Das muss nicht immer der Realität entsprechen, aber es spornt an, das eigenen Schicksal selbst in die Hand zu nehmen. Diesen Ansporn erleben auch die Teams.

Aus der psychologischen Forschung: Selbstwertdienliche Attribution

Attribution ist ein Begriff aus der Sozialpsychologie und beschreibt, wie Individuen Alltagserfahrungen erklären. Insbesondere geht es darum, wie wir Verhalten erklären und welche Eigenschaften oder Fähigkeiten wir einer Person aufgrund unserer Beobachtungen zuschreiben. Zudem bezeichnet Attribution die Erklärung von Verhaltensfolgen, von Erfolg oder Misserfolg. Wir erklären (attribuieren) sowohl unser eigenes Verhalten, unsere Erfolge und Misserfolge als auch die unserer Mitmenschen.

Attribution ist sehr fehleranfällig. Viele Faktoren beeinflussen Verhalten oder Verhaltensfolgen, und wir kennen nur wenige. Unsere eigenen subjektiven Theorien prägen maßgeblich, wie wir unsere Beobachtungen erklären, manche sind für unsere Selbstwahrnehmung und erwartete Selbstwirksamkeit nützlicher als andere. Generell neigen gesunde Menschen dazu, Erfolge sich selbst, Misserfolge eher der Situation oder anderen Personen zuzuschreiben. Das ist vielleicht nicht sehr realistisch, aber gesund. Gleichzeitig gilt: Wenn ich Misserfolge mit veränderlichen Faktoren erkläre, bin ich sehr viel motivierter, mich anzustrengen, als wenn ich mich unveränderlichen Bedingungen gegenübersehe. Wenn es nicht gelingt, einen Teamkonflikt zu klären, und ich vermute, es lag daran, dass ich die falsche Moderatorin dazugeholt habe, dass ich selbst zu gestresst und außerdem hungrig war und die Uhrzeit schlecht gewählt war: prima. Das kann ich alles ändern. Die Chance, dass ich es noch mal versuche, steigt. Wenn der Konflikt dann beim nächsten Termin gut gelöst werden kann, ist es gut möglich, dass beide Konfliktparteien sowie die Moderatorin attribuieren: „Die Konfliktlösung ist gelungen und das hatte viel mit mir zu tun. Ich besitze eine hohe Klärungskompetenz." Ob es zutrifft oder nicht, es stärkt das Selbstwertgefühl und erhöht die Erwartung an die eigene Wirksamkeit.

Heterogenität und Ungleichheit als größte Herausforderungen

Bei der Bewältigung ihrer Aufgaben treffen die Teams auf drei Herausforderungen, die den Zusammenhalt gefährden.

- **Unterschiede integrieren**
  Neben ihren fachlichen Qualifikationen unterscheiden sich die Mitglieder der Teams hinsichtlich vieler anderer Merkmale: In allen Teams arbeiten Frauen und Männer mit einem unterschiedlichen beruflichen und kulturellen Hintergrund zusammen. Nur in einem der neun Teams arbeiteten zum Interviewzeitpunkt ausschließlich Männer. Fünf der neun Teams sind auf verschiedene Standorte in Deutschland und Europa verteilt, ein Team hat Mitglieder in China und den USA. Die Teams sind auf Dauer angelegt, deswegen gibt es unterschiedlich lange Zugehörigkeiten und eine gewisse Fluktuation. Die einen sind schon immer dabei – auch schon vor der Umstellung auf Selbstorganisation/Einführung der Selbstorganisation –, andere kamen neu hinzu und müssen eingearbeitet werden. Eine hohe Diversität stellt also die Normalität dar, mit der umgegangen werden muss. Es gibt auch deutliche Ähnlichkeiten: Die Mitglieder der meisten Teams waren ähnlich alt und hatten sich aktiv für die Selbstorganisation entschieden.

- **Mehrfachzugehörigkeiten**
  Die Mitglieder in sechs der befragten Teams gehören auch anderen Teams an, haben Aufgaben außerhalb der Teams übernommen bzw. müssen diese noch abschließen. Die Teams müssen also ihre Arbeit so organisieren, dass die Einzelnen ihre verschiedenen Tätigkeiten und Zugehörigkeiten miteinander vereinbaren können. Und sie müssen damit umgehen, dass die Teamziele in Konkurrenz mit weiteren Zielen und Aufgaben der Teammitglieder stehen.

- **Risiken: trennende Arbeitsbedingungen**
  In manchen der Teams unterscheiden sich die Arbeitsbedingungen und vertraglichen Regelungen zwischen den Mitarbeitenden auf gleicher Ebene gravierend. Diese Unterschiede können den Zusammenhalt infrage stellen. Sie erschweren eine gleichberechtigte Zusammenarbeit. So bestehen in nahezu allen Teams große, aus der Historie heraus und nicht an die persönliche Leistung gekoppelte Gehaltsdifferenzen zwischen Kolleg:innen, auch wenn sie gleichwertige Aufgaben haben.

Bedeutende Unterschiede bestehen bei den Arbeitsverträgen: befristet/unbefristet, von einer Tochtergesellschaft ausgeliehen, im Kernunternehmen fest angestellt, Teilzeit- und Vollzeitverträge. Die damit verbundenen unterschiedlichen Bedürfnisse und Interessen müssen im Team unter einen Hut gebracht werden, ohne dass es selbst auf diese Unterschiede Einfluss nehmen könnte. An diesen Sollbruchstellen kann ein Team auseinanderfallen, sich spalten oder Kooperation in Abgrenzung umschlagen. Die befragten Teams arbeiten trotzdem erfolgreich zusammen, weil die Beteiligten bereit sind, die Unterschiede als unveränderlich hinzunehmen. Das zeigt eine hohe Integrationskraft und die Bereitschaft, kritische Trennlinien in der Zusammenarbeit nicht wirksam werden zu lassen.

Wir haben drei besondere Muster gefunden, wie die Teams mit diesen Herausforderungen umgehen.

- **Kritische und strittige (Personal-)Fragen werden an die Führung außerhalb des Teams abgegeben**
  Alle Teams delegieren disziplinarische Personalverantwortung und kritische Personalentscheidungen an Führungskräfte außerhalb des Teams. Das tun sie auch dann, wenn sie das Recht hätten, diese Fragen im Team zu klären. Führungskräfte von außen führen mit den Teammitgliedern Mitarbeitergespräche und Gehaltsverhandlungen, unterschreiben Arbeitsverträge, sprechen Kündigungen aus. Teilweise fallen diese Aspekte der Personalverantwortung nicht in die Selbststeuerungskompetenz der von uns untersuchten Teams, teilweise lehnen die Teams diese Aufgaben ab und delegieren sie gezielt nach außerhalb. Die Teams betrachten das weniger als Einschränkung ihrer Autonomie, sondern vielmehr als Entlastung und Schutz vor Konflikten. Tatsächlich sind Personalfragen der einzige Bereich, in dem die Teams explizit kein Mehr an Selbststeuerung wünschen.

- **Das Kern-Schale-Prinzip**
  In drei der interviewten Teams gibt es feste interne Teamleitungsrollen, in den übrigen nicht. Alle Mitglieder sind formal gleichberechtigt. Einzelne übernehmen zwar

koordinierende, leitende oder moderierende Aufgaben/ Rollen im Team, diese sind aber veränderbar, werden gewählt oder gemeinsam entschieden und sind in der Regel nicht mit Weisungsbefugnissen ausgestattet. Insbesondere in den größeren Teams haben wir eine Form der Differenzierung angetroffen, die an die Stelle einer Hierarchie tritt: einen Kern, dem die Mitglieder angehören, die besonders eng und kontinuierlich zusammenarbeiten, teils weil sie sich an einem Standort physisch näher sind und sich auch informell treffen können, teils weil sie besonders lange oder besonders umfänglich in diesem Team engagiert sind. Diese Kerne haben eine Autorität entwickelt, die es ihnen ermöglicht, teils explizit, teils implizit Leitungsfunktionen zu übernehmen. In zwei Fällen bilden der:die Gründer:in des Teams jeweils den Kern, sie machen die Hauptarbeit und vertreten den Kreis nach außen gegenüber der Hierarchie. In diesen Kern kann man durchaus aus eigener Kraft vorrücken – ein großer Unterschied zu traditionellen Teamfunktionen.
Um diesen Kern herum findet sich eine Schale von Personen, die zeitlich reduziert und/oder räumlich getrennt vom Kern arbeiten und andernorts noch andere Aufgaben erfüllen. Manche Mitglieder übernehmen Teilaufgaben, andere sind nur in die Regelkommunikation eingebunden, werden informiert, aber das Team bekommt nicht viel von ihnen mit. Wir gehen davon aus, dass das Verhältnis zwischen einem (stabilen) Kern und einer mehr oder weniger lockeren Schale zur Stabilität der Teams beiträgt. Die Schalenmitglieder fluktuieren leichter, Mitglieder kommen und gehen, der Kern ist viel fester ins Team und die Organisation eingebettet. Neue Mitarbeiter:innen können sich an den Mitgliedern im Kern orientieren, sie sorgen auch für die Weitergabe der Teamkultur und so für Kontinuität und Zusammenhalt.

- **Homogenisierung: die Auswahl Gleichgesinnter**
  Heterogene Teams sind, wenn sie gut zusammenarbeiten, homogenen Teams überlegen, denn Menschen, die unterschiedliche Erfahrungen gemacht haben, können mehr Unterschiedlichkeit einbringen. Aber Heterogenität ist auch mühsam und fordert viel Integrationsaufwand. Mitgliedschaft in heterogenen Teams fühlt sich weniger

nach dem warmen, sicheren Nest unter Gleichgesinnten an. Und da unsere Teams schon sehr viel Unterschiedlichkeit zu integrieren haben, suchen sie aktiv eher nach ihnen ähnelnden Mitgliedern, deren Integration einfacher zu sein verspricht. Mit der Zeit wissen die Teams gut, wer zu ihnen passt und wer nicht. Das hat auch seine Schattenseiten, wie wir weiter unten bei der Teamaufgabe 5 zeigen werden.

„Man braucht quasi Idealisten, die Spaß daran haben, von Grund auf etwas zu entwickeln, die jetzt nicht in einer großen Firma arbeiten und dann 08/15-Tagesgeschäft machen und dafür eine Bezahlung kriegen, die vielleicht über unserer liegt. Das funktioniert nicht."

Auch werden die Teams innerhalb der Organisation bekannter und ziehen Gleichgesinnte an, die gut ins Team passen. Wenn selbstorganisierte und hierarchische Teams parallel zueinander existieren und Mitarbeiter:innen aus eigenem Antrieb wechseln können, gibt es eine große Einigkeit innerhalb der Teams, wie man sich die Zusammenarbeit vorstellt. Es finden sich die Mitarbeiter:innen, die die selbstorganisierte Zusammenarbeit bevorzugen.

„Bei uns im Team treffen sich die Menschen des Unternehmens, die sich um einzelne Probleme kümmern und etwas verändern wollen. Bei aller Unterschiedlichkeit in Bezug auf die Professionen, die Hierarchieebenen und Unternehmensbereiche trifft sich hier eine Selbstauswahl von Kolleg:innen, die sich im Sinne des Teams engagieren wollen."

Aber Interesse allein hat auch nicht genügt, um dabei zu bleiben. Es wurden gezielt Mitarbeiter:innen ausgewählt, denen man die soziale Kompetenz zusprach, sich zu integrieren.

„80 % finden das gut, 20 % nicht, 3 % gehen verloren. Bei uns muss man in die selbstorganisierten Teams berufen werden. Wenn der Teamleiter sagt, dich brauche ich nicht, bist du raus. Auf dem Weg in die Selbstorganisation gin-

gen auch Leute verloren, die nicht mitgenommen wurden, obwohl sie Interesse hatten."

Wenn die Unterschiede zu groß sind, betreiben die Teams die Trennung von einzelnen Mitarbeiter:innen, um einer Spaltung oder einem Zerfall vorzubeugen.

„Die Integration der Kollegin war nicht möglich – sie war zu weit weg – sie war alleine in Ungarn, hatte keinen persönlichen Kontakt zu uns, das war zu schwierig. Auch die kulturellen Unterschiede konnten nicht geklärt werden."

Den Zusammenhalt wahren und für Kontinuität sorgen: zweites Fazit

- Individuen vs. Team: Unsere Teams weisen durchweg hohe Werte in Teamigkeit auf, was bedeutet, dass Aufgabe und Rahmenbedingungen eine gute Kooperation erfordern, Leistungen sich erst durch gute Kooperation voll entfalten können und die Gestaltung der Teamarbeit Aufmerksamkeit und Pflege bedarf.
- Stabilität vs. Veränderung: Teams stehen vor der Herausforderung, in der Dynamik der Veränderung und wechselnder Aufgaben ihren Zusammenhalt zu wahren und für ein verlässliches Bestehen des Teams Sorge zu tragen. Das ist ein Balanceakt.
- Nicht erstarren vs. nicht zerfallen: Unsere Teams können sich sehr gut an sich verändernde Bedingungen anpassen und neuen Herausforderungen zuwenden. Veränderung ist ihr Normalfall. Sie sind beweglich und nicht gefährdet, in Krisen zu erstarren. Unsere Teams sind aber dann vom Zerfall bedroht, wenn sie so flexibel auf alle Veränderungen reagieren, dass die Geschichte und Identität der Teams verlorengehen.
- Jedes Team hat Rückschläge erlebt, jedes Team konnte Erfolge feiern. Dabei zeigt sich, dass in erster Linie gute fachliche Arbeitsergebnisse und Anerkennung für eine gelungene Selbstorganisation als Erfolge angesehen werden und den Zusammenhalt stärken. Tiefpunkte, die den Zusammenhalt gefährden können, sind überwiegend Ereignisse von außen, auf die das Team selbst keinen Einfluss hat und die ihnen die Selbstorganisation erschweren (bspw. durch den Abzug

von Ressourcen oder Reduzierung der Freiheitsgrade der Selbstorganisation).

- Darüber hinaus kann ein stabiles, zeitüberdauerndes Wir bedroht werden durch:
  - Mehrfachzugehörigkeit: konkurrierende Prioritäten, denen sie Rechnung tragen müssen, da viele Mitglieder in verschiedenen selbstorganisierten Teams mit zum Teil konkurrierenden Zielen arbeiten.
  - Unterschiede in den Arbeitsbedingungen: Gehaltsstrukturen, unterschiedliche Arbeitsverträge und Zeitkontingente.
- Wir haben drei Muster identifiziert, wie die Teams über die gemeinsame Aufgabe hinaus ihren Zusammenhalt wahren:
  - Schwierige, kritische (Personal-)Entscheidungen werden nach außen abgegeben.
  - Die Ausbildung einer Kern-Schale-Struktur: Der Kern wahrt die Kontinuität, schafft Orientierung, die Mitglieder in der Peripherie (Schale) orientieren sich daran.
  - Die zunehmende Homogenisierung der Mitgliedschaft: Mit der Zeit wissen die Teams immer besser, wer zu ihnen passt. Sie wählen neue Kolleg:innen so aus, dass sie gut zu integrieren sind. Das stärkt den Zusammenhalt, kann aber neue Probleme schaffen (siehe Teamaufgabe 5).

5.3 Der Zusammenarbeit eine Form geben

A: „Telefonieren ist für mich heute die wichtigste Kommunikationsform. Ich bin nicht derjenige, der hier Dokumente, Spezifikationen oder so was schreibt, sondern ich telefoniere viel, um Dinge schnell zu klären und um dann gegebenenfalls Informationen rumzuschicken. Auch E-Mail spielt eine große Rolle, aber Mail ist natürlich auch eine Katastrophe."

B: „Ich kriege in dieser Rolle praktisch keine E-Mails mehr. Das funktioniert gut. Vor der Selbstorganisation hatte ich eine ähnliche Rolle, aber da war der Postkorb eine Katastrophe. Die vielen Mails brauchten wir zur Absicherung. Die brauchen wir heute nicht mehr."

Die Teams berichteten in unserer Untersuchung, dass sich die Kommunikation grundlegend geändert habe, seit nicht mehr jede Entscheidung schriftlich begründet und dokumentiert werden muss, um sich im Zweifel rechtfertigen zu können. Dass erleben sie als eine große Erleichterung. Sie müssen aber ihrer Zusammenarbeit eine Form geben und organisieren, wie sie kommunizieren, wann und wie sie die anfallenden Themen besprechen, die Arbeit planen und auswerten, wie sie dokumentieren und wie sie Entscheidungen treffen.

Hierfür werden Regeln und Verfahrensweisen vereinbart und/oder es entwickeln sich intuitiv oder erfahrungsbasiert bestimmte Praktiken, ohne dass darüber explizit entschieden worden wäre. Einige der Teams bekommen Vorgaben oder Vorschläge aus der Organisationseinheit, die die Selbstorganisation mit einführt und begleitet. Andere Teams entwickeln ihre eigenen Antworten auf die Frage, wie sie die Zusammenarbeit gestalten.

Die Konzepte der selbstorganisierten Teamarbeit

Die befragten Teams orientieren sich bei der Gestaltung ihrer Arbeit an unterschiedlichen Konzepten des agilen Arbeitens oder der Selbstorganisation. Unter den befragten Teams haben wir zwei Scrum-Teams und drei Holacracy Circles gefunden, zwei Teams, die Mischformen praktizieren, und zwei Teams ohne einen expliziten Bezug auf eine dieser Schulen. Die in diesen Konzepten definierten Rollen und Abläufe bilden die Grundlage für die Zusammenarbeit. Die Zusammenarbeit im Team bekommt damit eine konkrete Form, und die Beteiligten können davon ausgehen, dass sie, wenn sie die Regeln befolgen und sich von ihnen führen lassen, gut aufeinander abgestimmt an ihren Aufgaben arbeiten können. Die Aufgaben einer Führungskraft gehen zu einem guten Teil auf die Regelwerke über.

Keinem der Teams, die nach Scrum arbeiten, wurde dieses Rahmenkonzept von ihrem Mutterunternehmen verbindlich vorgegeben. Die konkrete Organisation der Teamarbeit stützt sich vielmehr auf Ideen und Empfehlungen einzelner ihrer Mitglieder. Vier der Teams haben als Teil von größeren, holakratisch organisierten Einheiten ihre holakratische

Arbeitsform nicht selbst entschieden. Ihnen wurde die Holacracy-Verfassung vorgegeben. Doch in der Umsetzung haben diese vier Teams durchaus unterschiedliche Entscheidungen getroffen, welche Methoden sie 1:1 umsetzen, was sie für sich anpassen, wie viel Scrum bleiben darf. Manchmal stehen Leitvorstellungen wie Scrum und Holacracy konkurrierend nebeneinander.

> *„Der Anfang war: Hey, wir haben eine coole Idee und die rollen wir jetzt aus. Alle werden holakratisch und nehmen unser Angebot an. Dann haben wir gelernt, die wollen das gar nicht. Manche wollten das ganze Paket, manche nur kleine Happen, manche ihr altes Scrum. Es war nie verpflichtend gemeint, aber wir mussten erst mit der Zeit lernen, wie wir mit den Unterschieden umgehen."*

Die Besprechungsformate

Die befragten Teams haben ein differenziertes System von aufeinander abgestimmten Besprechungsformen entwickelt (siehe die folgende Abbildung).

Teamarbeit in Selbstorganisation ist ein abstimmungs- und damit besprechungsintensives Unterfangen. Es wird fast permanent miteinander geredet. Die Meetings beginnen in der Regel mit Statements zur persönlichen Befindlichkeit (Check-in) und der Festlegung der zu besprechenden Themen, die gemeinsam priorisiert und bearbeitet werden. Alle können Einfluss darauf nehmen, was besprochen wird. Viele Meetings haben bewusst keine feste Agenda, um gemeinsam festlegen zu können, was wichtig ist. Gibt es eine Agenda, dann wird diese zu Beginn des Meetings nach dem Check-in gemeinsam überprüft.

Planen – entscheiden – ausführen – reflektieren: Formen der Zusammenarbeit

	Team 1	Team 2	Team 3	Team 4	Team 5	Team 6	Team 7	Team 8	Team 9
Aktuelle Absprachen zur fachlichen Arbeit		Spontane, kurzfristige Absprachen in der Kleingruppe	Es wird viel informell, zwischendurch und per Whatsapp-Gruppe geregelt		Daily – jeden Tag 15 Minuten: Was macht jeder heute?	Kaum Regelmeetings – reden mehrmals am Tag miteinander	Daily zu drei unterschiedlichen Zeiten in der Woche		
Arbeit planen und entscheiden – Regeltermine *Arbeit im Team*	Unregelmäßige, ausschließlich virtuelle Treffen. Koordiniert und geleitet von der Gründerin	Ein Treffen pro Monat in den vier Teilgruppen/ Teilprojekten	Einmal pro Woche ca. 30 Min., wenn alle anwesend, die immer gleichen Punkte: Sicherheit, Personal, Produktion, Qualität, „letzte Woche" Leitung: Circle-Leiter	Einmal pro Woche Scrum-Meeting, 30 Minuten bis zwei Stunden, Planung und Auswertung der Sprints. Leitung wechselt	Einmal pro Woche zwei Stunden Konferenz mit Agenda. Sprints 14-tägig, Retros 14-tägig. Leitung: Scrum Master. Anschließend gemeinsames Mittagessen	Einmal pro Woche Tactical Meeting von einer Stunde oder kürzer – digital	Einmal pro Woche Tactical Meeting von einer Stunde oder kürzer – digital	Wöchentliche Videocalls transatlantisch. Alle vier Wochen Retrospektive, Scrum Master moderiert, Product Owner lädt ein	Einmal pro Woche Sync Meeting. Circle Guide lädt ein. TOPS: alle Arbeitspakete, Quartalsziele, offene Agenda. Covernance Meeting ca. einmal pro Monat
Arbeit organisieren – Regeltermine *Arbeit am Team*		Vier Treffen pro Jahr. Berichte aus den Teilgruppen. Einmal pro Jahr Planung und Besetzung der Teilgruppen			Ca. alle sechs Wochen Walk and Talk. Scrum Master und einzelne Teammitglieder	Seltenes Fokusmeeting: alle Partner zum Thema. Zwei bis vier Mal pro Jahr Governance Meeting bei Spannungen	Governance einmal pro Monat – fällt oft aus. Je nach Bedarf Focus Meetings		Clear-the-air-Meeting (ca. vier Mal pro Jahr)
Besondere Formen: Workshops etc.			Einmal pro Jahr Workshoptag mit einem externen Moderator	Dreimal pro Jahr Teamtage: „Hier geht es um Grundsätzliches". Der GF ist dabei und bringt viel ein			Persönliches Treffen zwei bis drei Mal im Jahr, PIP	Zwei persönliche Treffen im Jahr, wird evtl. auf eins reduziert	
Grundlegende „Schule"	Keine bestimmte	Keine bestimmte	Sprachlich u.a. an Holocracy angelehnt	Scrum	Scrum	Holacracy	Holycracy	Scrum und Holacracy	Holacracy
Weitere Tools/ Methoden					Walk and Talk mit dem Scrum Master		Kanban, Clear the air	Team-Skill-Matrix, Circle of Life, Team-Feedback	Clear the air

Die verschiedenen Formate von Besprechungen lassen sich nach ihrer Häufigkeit, ihrer inhaltlichen Ausrichtung und ihrer Zielsetzung wie folgt unterscheiden:

- **Kurze tägliche Absprachen** (Dailys): meist am Morgen, oft im Stehen, zur Koordination der unmittelbar anstehenden Arbeit. In einigen Teams findet dies auch unkoordiniert zwischendurch statt. Es geht um drei Fragen:
  - Was habe ich gestern erledigt?
  - Was steht heute an?
  - Gibt es etwas, was ich für mein heutiges Tun brauche?

  „Wir treffen uns maximal 15 Minuten im Stehen, es kann aber auch telefonisch sein. Es geht nur um Fachliches – nicht darum, dass es mir heute nicht gut geht … das kann man schon auch sagen, aber zu 95 % geht es um Fachliches. Wo sind Blocker oder wo brauche ich Unterstützung?"

- **Regelmäßige, meist wöchentliche Besprechungen**, bei denen die laufende operative Arbeit aufeinander abgestimmt wird. Diese Meetings tragen, auch in Abhängigkeit von den Konzepten der Selbstorganisation, an denen sich die Teams orientieren, unterschiedliche Namen und haben unterschiedliche Regeln: Tactical, Scrum Meeting, Sync Meeting, Weekly Meeting. Hier geht es um die fachlichen Inhalte der Arbeit, um die Arbeit im Team.

  „Wir haben einmal pro Woche unser Tactical Meeting. Ein längeres Meeting, wo wir uns alle einwählen, gemeinsam eine längere Zeit auf den Bildschirm schauen und die ganzen Tactical-Themen (Was machen wir wie?) durchgehen … Da kann auch jemand etwas mitbringen wie: ‚Wer kann mir da helfen?'"

- **Unregelmäßige Meetings** zum fachlichen Austausch, zur Klärung übergreifender inhaltlicher Fragen, zur gemeinsamen oder individuellen Weiterbildung bzw. Meetings, in denen Teammitglieder von ihren Weiterbildungen berichten sowie neue Impulse und Erkenntnisse weitergeben (Fokus-Meetings).
- **Regelmäßige oder bedarfsabhängige Zusammenkünfte**, bei denen über die Organisation der Arbeit gesprochen (Governance) und/oder die geleistete Arbeit ausgewertet

und nach Verbesserungen gesucht wird (Retros). Hier geht es vor allem darum, die Zusammenarbeit so zu organisieren, dass sie der Erledigung der Aufgabe dient. Thema dieser Meetings ist die Frage „Wie arbeiten wir zusammen?“. Das nennen wir Arbeit am Team.

„Es geht zwei Stunden lang darüber, wie der Sprint gelaufen ist. Das sind zwei Wochen Sprints. Und die letzten zwei Wochen werden betrachtet. Wie ging es mir? Wie ging es mir als Entwickler:in, als Scrum Master, als Product Owner? Wie geht es mir persönlich? Woran mache ich das fest? Ich gebe Beispiele. Dann geht es an die Ursachenforschung. Warum war das so? Und was ist die Ursache des ganzen Positiven oder Negativen? Was sind die Maßnahmen, die sich daraus ableiten? Und dann entscheiden wir, welche Maßnahmen wir umsetzen. Zuletzt machen wir einen Check-out. Also das sind so diese fünf Phasen der Retrospektive, die man mit verschiedenen Übungen hinterlegt. Die machen wir alle zwei Wochen.“

„Und im Governance ist dann eher die Aufbauorganisation, die interessant ist. Also da kann man dann Sachen verändern wie Rollen schaffen oder Rollen abschaffen oder halt solche Veränderungen anstrengen.“

- **Ein- bis viermal jährliche stattfindende Meetings** fürs Zwischenmenschliche, Meetings um Konflikte, Probleme oder besondere Herausforderungen zu thematisieren. Diese Meetings führen die meisten der befragten Teams als Workshop durch – manchmal mit externer Begleitung. Sie dienen der Reflexion und Planung der Arbeit über längere Zeiträume, der Vertiefung einzelner Themen und Projekte und in überwiegend virtuellen, internationalen Teams der Pflege der persönlichen Kontakte und der Arbeitsbeziehungen. Hier werden auch grundlegende Entscheidungen über die praktizierten Methoden getroffen. Im Rahmen solcher Workshops finden auch Einheiten – teilweise von externen Moderatoren angeleitet – mit Selbsterfahrungselementen statt.

Entscheidungen treffen

„Wir entscheiden, wann die Software fertig ist und wann sie eingespielt werden kann. Und wenn wir einen Liefertermin nicht einhalten können, sagen wir das."

Ein Team ist erst dann arbeitsfähig, wenn es in der Lage ist, Entscheidungen zu treffen, getroffene Entscheidungen umzusetzen und Entscheidungen, wo nötig, auch zu revidieren. In klassisch hierarchischen Organisationen ist das Entscheiden eine Führungsaufgabe.

Vor dieser Herausforderung stehen alle uns bekannten Konzepte für Selbstorganisation und agiles Arbeiten. Selbstorganisation braucht Verfahren, wie Gruppen entscheiden können – möglichst agil, flexibel und ohne die Machtfrage zu stellen.

Was können die Teams selbst entscheiden und wie treffen sie ihre Entscheidungen? Die Ergebnisse sind überraschend unspektakulär, die Befragten hatten mit dem Treffen von Entscheidungen in aller Regel keine Probleme. Sie lassen sich in folgenden Thesen zusammenfassen:

- **Der Entscheidungsspielraum variiert mit dem Grad der Selbststeuerung**
  Wie zu erwarten war, können die Teams in unterschiedlichem Ausmaß selbst über die eigenen Angelegenheiten entscheiden. Bei vielen Fragen können sie mitreden und ihre Meinung äußern, auch wenn die endgültige Entscheidung andere treffen. Das deckt sich mit Erkenntnissen aus der Psychologie. Angehört und ernst genommen zu werden erhöht die Akzeptanz von Entscheidungen auch dann, wenn gegen meine Interessen entschieden wird.

Aus der psychologischen Forschung: Verfahrensgerechtigkeit

Ob Entscheidungen als gerecht empfunden werden, hängt nicht nur mit dem Ergebnis der Entscheidungen zusammen, sondern ist in hohem Maße davon abhängig, wie eine Entscheidung zustande gekommen ist. Das ist insbesondere für

Entscheidungen in Organisationen relevant. So zeigen verschiedene Studien, dass es für die Zufriedenheit mit einer Entscheidung wichtiger sein kann, angehört zu werden und eigene Argumente und Erfahrungen einbringen zu können, als inhaltlich die Entscheidung zu erhalten, die man selbst favorisiert. Werden Entscheidungsprozesse als gerecht erlebt, werden Entscheidungen eher akzeptiert und umgesetzt.

Verfahren werden umso gerechter erlebt, umso mehr die Beteiligten die Erfahrung machen,

a) dass sie angehört und ihre Argumente berücksichtig werden.
b) dass die Entscheider:innen sich umfassend informieren und ihre Entscheidungskriterien transparent machen.
c) dass Einwände oder spätere Korrekturen möglich sind.
d) dass Entscheidungen im Einklang mit ethischen Grundsätzen der Personen oder der Organisation stehen.[2]

- **Das Treffen von Entscheidungen ist keine Quelle von Konflikten und Spannungen**
  Offensichtlich werden Entscheidungen in großer Übereinstimmung getroffen. Uns wurden keine Konflikte und Spannungen berichtet, die im Zusammenhang von schwierigen, mit widersprüchlichen Meinungen verbundenen und eventuell nicht zu treffenden Entscheidungen stehen. Entscheidungen sind nicht der Problemherd. Da Entscheidungen korrigierbar sind, haben Fehlentscheidungen oder Entscheidungen, die mich nicht überzeugen, an Bedrohung verloren. Sollte sich eine Entscheidung als dysfunktional erweisen, kann sie jede:r jederzeit wieder auf den Tisch bringen und (oft ohne Gesichtsverlust) neu entschieden werden.

- **Das Problem sind nicht die kontroversen, sondern die nicht geäußerten Meinungen**
  In den Teams können in der Regel die Einzelnen entscheiden, welche Aufgaben sie übernehmen und welche nicht. Dazu ist es notwendig, dass sie klar kommunizieren, was sie willens und fähig sind zu tun und was nicht.

[2] Leventhal, 1976, und Konovsky, 2000.

Wenn jemand mit einer Aufgabe nicht zurechtkommt, dann muss er:sie sich melden. Aus nicht rechtzeitig geäußerten Problemen entstehen die Schwierigkeiten, nicht aus den ursprünglich getroffenen Entscheidungen.

- **Das Konsentverfahren macht die Teams entscheidungsfähig**
  Für die vier Teams aus Holocracy-nahen Organisationslogiken ist der Konsent das etablierte Entscheidungsverfahren, das sie auch in strittigen Momenten entscheidungsfähig (zur Begriffklärung siehe Kapitel 3, Seite 95) hält. Das Grundprinzip, dass nicht alle immer dafür sein müssen, um eine Entscheidung zu fällen, sondern dass die zentrale Frage lautet, ob jemand aus seiner fachlichen Perspektive ein Risiko sieht, ermöglicht den Teams, zügig eine Vielzahl von Entscheidungen zu treffen – und diese, wenn nötig, auch wieder zu ändern. Diese Teams berichten, dass die typische Denklogik und die Formulierungen aus den Konsententscheidungen wie „Was brauchst du, um gut entscheiden zu können?" oder „Hast du einen Einwand, gegen diesen Vorschlag?" als so hilfreich, nützlich und deeskalierend erlebt werden, dass sie in die Organisation hineinwirken.
- **Das Konsentverfahren schützt die Meinung und die Ideen Einzelner und reduziert den Aufwand für umfassende Dokumentationen und Entscheidungsvorlagen**
  Die Teams, die nach der Holacracy arbeiten, schützen mit dem Konsentprinzip die Meinungen und Vorschläge der Einzelnen vor dem Druck zur Einstimmigkeit sowie vor der Mehrheit der Kolleg:innen im Team. Ohne begründeten Einwand sind Vorschläge nicht abzulehnen. So kann vieles ausprobiert werden. Es ist möglich, mit einer innovativen Idee direkt Erfahrungen zu sammeln. Statt im Vorfeld lang über theoretische Konzepte zu diskutieren, gibt es einen großen Freiraum, etwas auszuprobieren und dann die konkreten Ergebnisse im großen Kreis zu diskutieren und zu bewerten. Auch in den anderen Teams gibt es das Bestreben, niemanden zu übergehen, doch fehlt es häufig am methodischen Wissen, wie man Entscheidungen im Team jenseits von Abstimmung und Konsens treffen kann.

Der Zusammenarbeit eine Form geben: drittes Fazit

- Die Arbeitsformen sind stark geprägt von den Konzepten der Selbstorganisation, an denen sich die Teams oder Organisationseinheiten orientieren. Scrum und die Kreisregeln von Holacracy bieten konkrete Handlungsanweisungen an, wie Teams ihre Zusammenarbeit praktisch gestalten können. Diese erweisen sich für die Teams als praktisch und alltagstauglich. Das eigene Vorgehen muss nicht neu erfunden werden.
- Auf Teamebene halten wir die entwickelten Besprechungsformate und -methoden sowie die Entscheidungsformate für die zentrale Innovation. Sie bieten eine oft strenge und detailreiche Ordnung, die von den Teams zum Teil wortgetreu, zum Teil frei und flexibel umgesetzt werden.
- Fünf verschiedene Besprechungsformate lassen sich nach ihrer Häufigkeit, ihrem Inhalt und ihrer Zielsetzung unterscheiden. Diese unterschiedlichen Formate, die in der Praxis strikt getrennt werden, ermöglichen es den Teams,
  - sich kontinuierlich und zeitnah in Bezug auf ihre fachliche Arbeit abzustimmen: das *Was;*
  - sich regelmäßig mit der Qualität der Zusammenarbeit beispielweise mit den Regelungen der Zuständigkeiten zu beschäftigen: das *Wie;*
  - systematisch die für die Selbststeuerung notwendigen Schritte zu vollziehen, die fachliche Arbeit zu planen und umzusetzen, das *Was* und *Wie* regelmäßig zu reflektieren: das gemeinsame *Lernen;*
  - für die Planung der inhaltlichen Arbeit, der Arbeitsabläufe sowie der Reflexion jeweils unterschiedliche und voneinander getrennte Formate zu nutzen, die in der Praxis nicht vermischt werden: das *Wann;*
  - in regelmäßigen Workshops längere Zeiträume zu planen und auszuwerten sowie persönlichen Beziehungen zu pflegen.
- Die einzelnen Besprechungsformate sind die Orte, an denen Teams Entscheidungen treffen. Entscheidungen sind in den befragten Teams in der Regel keine Quelle von Konflikten, wie die Teilnehmer:innen in den Interviews angaben. Probleme entstehen nicht durch kontroverse Positionen, sondern durch nicht geäußerte Zweifel oder Widersprüche. Es geht eher zu harmonisch zu. Hier versuchen einige der Teams bewusst gegenzusteuern.

- Entscheidungsformen wie das Konsentprinzip stärken die Entscheidungsfähigkeit der Teams und schützen einzelne Vorschläge und Vorhaben vor zu schneller Ablehnung.
- Teams können mit den Entscheidungsformaten, die in den verschiedenen Ansätzen der Selbstorganisation entwickelt wurden, gut arbeiten. Aber sie müssen sie kennenlernen. Ohne einen fachlichen Input oder Erfahrungen mit diesen Methoden greifen die Teams auf alte Muster zurück, beispielsweise auf Mehrheitsentscheidungen, Konsens und Delegation an die eigene Führung.

5.4 Führungsaufgaben verteilen und mit Führung umgehen

„Uns schafft niemand mehr etwas an. Der Kunde ist jetzt der Chef".

Gerade weil in selbstorganisierten Teams in den meisten Fällen hierarchisch übergeordnete Führungskräfte nicht vorhanden sind, ist die Frage der Führung zentral. Die Teams mögen ohne formale Vorgesetzte auskommen, aber nicht ohne Führung im Sinne der entsprechenden Funktionen, die einzelne Mitglieder für die ganze Gruppe ausführen. Besprechungen brauchen eine Leitung, Entscheidungen muss man herbeiführen und vertreten, Pläne müssen erstellt und umgesetzt, Auswertungsprozesse angeleitet werden.

Unsere Befragungen haben ergeben, dass die ganze Bandbreite von Führungsfunktionen, wenngleich in unterschiedlicher Weise, in selbstorganisierten Teams abgebildet ist (siehe die folgende Abbildung).

Differenzierung der Führungsrollen

	Team 1	Team 2	Team 3	Team 4	Team 5	Team 6	Team 7	Team 8	Team 9
Leitungsfunktionen – Rollen im Team	Repräsentantin (die Gründerin) Planung und Organisation der Arbeit, Leitung der Sitzungen Pate (Mitglied der GF), Unterstützung nach außen	Repräsentant (Gründer), vier Koordinator:innen der Untergruppen: Leitung der Sitzungen, Organisation und Koordination Pate (Mitglied der GF), Unterstützung nach außen	Schichtleiter (Vorgesetzter der Mitarbeiter:innen in der Produktion) Neu: drei Guardians – Funktion unklar	Projektkoordinator:in Vorgesetzte:r aller Mitarbeiter: innen im Team	Scrum Master Product Owner	*Bestimmt:* Leadlink *Gewählt:* Replink, Secretary, Facilitator, Crosslink (speziell für Ressourcenkoordination)	*Bestimmt:* Leadlink *Gewählt:* Replink, Secretary, Facilitator	Scrum Master Drei Guardians – Funktion unklar Verschiedene Product Owner für jeweils ein Projekt	Circle Guide, Kontrolle der Quartalsziele, regelmäßige Termine Facilitator (wechselnd) 25 „Rollen“ – Zuständigkeiten insgesamt
Leitungsrollen die außerhalb des Teams für das Team und seine Mitglieder verantwortlich sind			Circle-Leiter, Vorgesetzter des Schichtleiters und der anderen Teammitglieder	Geschäftsführer einbezogen in alle inhaltlichen und personellen Fragen	Adviser (zuständig für Personalgespräche, PE und Gehaltsverhandlungen)	Circle-Leiter (formaler Vorgesetzter bzw. Auftraggeber bei externen MA)	Circle-Leiter (formaler Vorgesetzter bzw. Auftraggeber bei externen MA)	Circle-Leiter, die formalen Vorgesetzten der einzelnen MA sind die jeweiligen Standortleitungen	Circle-Patin (die GF), Adviser (Personalgespräche, PE, Gehalt) Mediator für Clear the air
Grundlegende „Schule“	Keine bestimmte	Keine bestimmte	Keine, sprachlich u.a. an Holacracy angelehnt	Scrum	Scrum	Holacracy	Holycracy	Scrum	Holacracy

Führung organisieren

Auf den ersten Blick fallen die großen Unterschiede auf, wie Teams ihr Führung organisieren. Es ist keinesfalls so, dass es ein einheitliches Modell kollegialer Führung gibt. Alles scheint möglich. Die **Unterschiede** im Umgang mit Führung zeigen sich folgendermaßen:

- Teilweise bestehen formale Führungsrollen mit Über- und Unterstellungen, wie Schicht- oder Projektleiter; Selbstorganisation bedeutet also nicht in jedem Fall formale Gleichberechtigung und Abwesenheit von Hierarchie.
- Manche Träger von Führungsfunktionen werden bestimmt (Lead Link, Circle-Leiter), andere von den Teams selbst gewählt (Rep Link, Koordinator). In den meisten Teams finden sich beide Formen.
- In manchen Teams werden Führungsrollen von speziell ausgebildeten Fachkräften (Scrum Master, Product Owner) ausgefüllt, die für diese Aufgabe freigestellt sind und keine fachlichen Aufgaben übernehmen. In anderen Fällen werden die Führungsrollen zusätzlich zu den fachlichen Aufgaben und meist rotierend übernommen. Der Grad der Professionalisierung von Führung ist damit höchst unterschiedlich ausgeprägt. Führung kann, muss aber nicht mit einer speziellen Qualifizierung für Führungsaufgaben einhergehen.
- Insbesondere in Teams, die sich parallel zur Linie bilden oder die Organisationentwicklungsaufgaben übernehmen, bleibt die Führung häufig unausgesprochen bei der Person, die das Team gegründet oder ein spezielles Interesse und Engagement für das Anliegen hat.

Zudem zeigen sich spezifische **Gemeinsamkeiten** der selbstorganisierten Teams im Umgang mit der Herausforderung, Führung zu organisieren:

- Alle Teams stellen sich die Fragen: „Wer führt wann?" oder „Welche koordinierenden Funktionen braucht es?". Das Thema Führung ist kein Tabu, vielmehr wird darüber nachgedacht:
  - wie und von wem welche Besprechungen geleitet werden sollen,

  - wie und von wem kontrolliert wird, ob vereinbarte Ziele erreicht oder Vorhaben umgesetzt wurden,
  - wer das Team gegenüber Kunden oder Kooperationspartnern vertritt,
  - wie und von wem welche Entscheidungen getroffen werden.
- Führungsaufgaben werden nicht nur einer Person zugeordnet, sondern auf verschiedene Teammitglieder verteilt. Dabei werden die folgenden Funktionen in der Regel getrennt wahrgenommen: Führung bezogen auf
  - die Zusammenarbeit (Scrum Master, Facilitator),
  - die Außenvertretung, den Kontakt zum Kunden (Product Owner, Cross Link, die Paten),
  - die Einhaltung von Planungen, Terminen bezüglich der Sachaufgaben (Circle-Leiter, Projektleiter, Schichtleiter).
- An der Ausübung von Führungsfunktionen an sich entzündet sich nur selten Kritik. Solange Führung selbst organisiert wird, sind die Funktionen und ihre Träger:innen breit akzeptiert. Werden den Teams von außen Führungsrollen vorgeschlagen, ist die Akzeptanz schwieriger. In zwei Teams wurden von außen neue Führungsfunktionen eingeführt, deren Aufgaben auch nach einem Jahr noch nicht klar waren und die auf einigen Widerstand innerhalb der Teams stießen.
- Formal gut beschriebene Ansätze wie Scrum und Holacracy erleichtern den offenen Umgang mit Führungsfragen. Dort sind die verschiedenen Funktionen und die dazugehörigen Vorgehensweisen beschrieben. Führung geht in Teams, die diesen Konzepten folgen, nicht nur auf einzelne Funktionsträger über, sondern die Methode übernimmt selbst die Führung, indem sie konkret und manchmal sehr kleinteilig Regeln vorgibt. Es kommt somit weniger darauf an, einer Führungsperson zu folgen, als darauf, die gemeinsamen Regeln zu befolgen.

Geführt werden

Eine besondere Rolle spielen die für das Team verantwortlichen, aber ihm nicht zugehörigen Führungskräfte. Hier lassen sich folgende Funktionen unterscheiden:

- fachliche Führung, die für die Arbeit des Teams zuständig und mitverantwortlich ist,
- Personalführung, die für die Teammitglieder und deren Wege in der Organisation zuständig ist und beispielsweise die Jahres- und Entwicklungsgespräche führt,
- Geschäftsführung mit Unternehmensverantwortung, die übergeordnet für beides zuständig ist.
- fachliche Führung und Personalführung ist in der Regel personell getrennt.

Die Befragten äußern sich insgesamt zufrieden über ihre Führungskräfte außerhalb der Teams. Sie verstehen, dass diese Führungskräfte auch für sie wichtige Aufgaben erfüllen und nutzen sie auf unterschiedliche Weise. Keines der Teams fühlt sich grundsätzlich von Führung behindert – was nicht heißt, dass die Beziehung spannungsfrei wäre. Ein Grund dafür mag sein, dass es die befragten Teams mit Führungspersonen zu tun haben, die ihre Rolle sehr bewusst gestalten (siehe Kapitel 5). Die grundsätzliche Zustimmung bedeutet nicht, dass die Teams ihren Führungskräften unkritisch gegenüberstehen. Die Beschreibungen sind sehr differenziert. Drei Dimensionen werden deutlich, an denen die Teams Unterschiede festmachen:

1. Brennglas oder Schatten spenden

Ein Team beschreibt eine frühere Führungskraft als „Lupe" oder „Brennglas". Die Mitglieder erlebten seine Art, bei aufgetretenen Fehlern genau nachzuforschen, welche Fehler an welcher Stelle im Team gemacht wurden, als belastend. Sie kamen sich schutzlos vor, Fehler verantworten zu müssen, auf die sie nur bedingt Einfluss hatten. Sein Nachfolger brachte eine 180°-Wendung:

> *„Jetzt hat man das Gefühl, da ist jemand, der vertraut. Und klar, diese Freiheit bringt auch Verantwortung. Man kann nur selbstorganisiert arbeiten, wenn man auch Vertrauen genießt und wenn man ein Netz hat, auf das man fallen kann."*

Die neue Führungskraft wird als „Schattenspender" erlebt. Sein Führungsstil habe noch mehr als die Einführung von Holacracy zu einer grundlegenden Veränderung der Arbeitsweise geführt:

> *„Die Selbstorganisation funktioniert gut, seit die neue Führung da ist. Weil er das lebt, was dahintersteht. Er gibt Verantwortung ab und ist nicht derjenige, der im Rampenlicht stehen muss. Er tut das Notwendige, damit wir arbeitsfähig sind."*

2. Wünsche frustrieren oder erfüllen

Die Führungskräfte unterscheiden sich danach, wie sehr sie Wünsche nach Führung, nach Entscheidung und nach Entlastung erfüllen. Die Unterschiede sind groß und reichen von „Die Führungskraft kümmert sich gar nicht mehr" über „Die Führungskraft ist unverlässlich und schwer einzuschätzen, wann sie klare Vorgaben macht und wann sie alles offenlässt" über „Die Führungskraft hat ein klares Bild, was Team und was Führungsaufgabe ist. Sie frustriert Erwartungen, wenn sie das Team in der Verantwortung sieht, greift aber auch ungefragt ein, wenn sie sich in der Verantwortung sieht" bis zu den „Führungskräften, die alle Anfragen der Teams nach Leitung direkt erfüllen". Dabei ist das Verständnis, was Teamaufgabe und was Führungsaufgabe ist, nicht immer einvernehmlich, wie die folgenden Beispiele zeigen:

> *„Und dann übernimmt er auch nicht die Rolle, dass er das dann bestimmt, sondern wir müssen es ihm dann so lange aus der Nase herausziehen, bis wir eine Entscheidung haben, in welche Richtung es gehen soll, dann können wir auch weitermachen."*

„Ich würde mir da eher wünschen, dass er konkreter sagt: ‚Mach das.' Eher eine Anweisung. Wir sind ja schon sehr auf uns gestellt. Wir können sehr viel machen, aber ob wir es richtig machen, sei mal dahingestellt."

„Er lässt uns machen, ohne was zu bestimmen. Das Problem ist, manchmal müssen Entscheidungen auch gefällt werden. Und die können wir nicht aus uns heraus immer bestimmen, weil uns teilweise das Know-how, die Erfahrung, die Budgetverantwortung fehlen."

3. Anwesend oder abwesend sein

Die Führungskräfte unterschieden sich darin, wie sehr sie als Gegenüber für einen kritischen Austausch präsent sind bzw. wie sehr sie Selbstorganisation als Entlastungsprogramm für sich selbst verstehen. Aus Sicht der Teams ist klar: Mittels Selbstorganisation lassen sich Führungsfunktionen nicht einsparen und wegrationalisieren. Die Teammitglieder schätzen es, selbst entscheiden und gestalten zu können; sie brauchen aber ein Gegenüber, das sie begleitet und sieht, was sie tun.

„Der Eindruck ist, dass er das Ganze nur eingeführt hat, um nichts mehr zu tun zu haben, weil das Team jetzt selbst verantwortlich ist. Das Team soll werkeln, aber wenn es gut läuft, will er auch glänzen."

„Er ist quasi der Stakeholder und der Auftraggeber für dieses Projekt und wir haben regelmäßig Abstimmungen auch mit ihm. Er kann seinen Input einbringen, doch wie der Input dann umgesetzt wird, ist dann wieder Teamentscheidung. Er begleitet aus der Ferne."

Eine kritische Begleitung, die Krisen wahrnimmt und darauf reagiert, kann ein Team vor dem Zerfall bewahren. In einer Phase, in der ein Team an einem Tiefpunkt angelangt war und die Gefahr drohte, dass die Mitglieder in die Vereinzelung abrutschen, wurde dies von der Führungskraft bemerkt. Sie setzte bewusst ein Projekt, das viel Kooperation verlangte, an und schlug es dem Team vor.

Führungsaufgaben verteilen und mit Führung umgehen: viertes Fazit

- Führung wird als kollegiale Funktion für das ganze Team und nicht als Überordnungs-/Unterordnungsbeziehung verstanden. Die Verteilung auf verschiedene Köpfe trägt zu einer funktionalen und weniger hierarchischen Ausführung der Führungsaufgaben bei. Es gibt niemanden im Team, bei dem sich die Macht bündelt. Es wird akzeptiert, wenn gleichberechtigte Teammitglieder Führungsaufgaben übernehmen.
- Das unterscheidet diese Teams deutlich von den in den 1980er- und 1990er-Jahren untersuchten selbstorganisierten Gruppen. Führung und die Verteilung von Führungsaufgaben unter den Mitgliedern waren damals tabuisiert. Jede Art von Führung war verdächtig, die Gleichberechtigung zu unterminieren. Schon die Einführung einer Gesprächsleitung konnte zum Problem werden.[3] In den Teams, von denen wir hier berichten, werden Führung und Selbststeuerung nicht mehr als Gegensatz gesehen.
- Führung wird von keinem der Teams infrage gestellt. Acht der neun Teams sind ausgesprochen zufrieden mit ihrer Führung. Sie wissen, wozu sie die Führung brauchen, und nutzen sie dafür. Sie verstehen auch, dass Führung ein notwendiges Gegenüber für die eigene Entwicklung ist. Keines der Teams fühlte sich von seiner Führung behindert – ein deutlicher Unterschied im Vergleich zu Teams in hierarchischen Organisationen.
- Zudem nehmen die sehr kleinschrittigen Methoden der verschiedenen Ansätze den Teams einige Führungsaufgaben ab. Dies gilt insbesondere für Holacracy. Wann es welche Besprechungen gibt und mit welchen Themen, wie und von wem Besprechungen geleitet werden, wie priorisiert und entschieden wird, wie Prozesse und Ergebnisse überwacht werden – zu all diesen Fragen gibt es klare Vorgaben, die die Teams mal enger, mal flexibler für sich umsetzten.
- Wie lässt sich die breite Zufriedenheit mit Führung erklären? In den Auswertungsworkshops, die wir ein Jahr nach den Interviews durchführten, fanden sich die Teilnehmer:innen in den folgenden vier Hypothesen wieder:

[3] Schattenhofer, 1992.

- Was die Führung nicht macht, muss man selbst machen. Die Befragten sind sich bewusst, dass Führung Arbeit abnimmt, Erleichterung schafft und den Rücken freihält.
- Die Führungskräfte reflektieren ihr Tun, insbesondere ihren Umgang mit Macht stärker, als dies sonst üblich ist, und sind in großer Mehrzahl zu Gesprächen über ihr Führungsverhalten bereit.
- Teams in der Selbstorganisation können ihre Erwartungen und Bedarfe an Führung klar formulieren.
- In vielen selbstorganisierten Settings können die Teams die Auswahl der Führung mitbestimmen und die Führungskraft wechseln. Man ist ihr nicht auf Gedeih und Verderb ausgeliefert. Die Führung weiß das und ist gut beraten, die Erwartungen der Teams zu berücksichtigen.

5.5 Mitgliedern als Personen einen Platz bieten

„Es gibt eigentlich kein Thema, das zu persönlich ist. Tabu ist nur das Gehaltsthema. Wir verdienen extrem unterschiedlich, aber darüber wird hier nicht gesprochen."

Die Mitglieder eines Teams werden primär über ihre Aufgabe, ihren Beitrag zum gemeinsamen Ergebnis in das Team eingebunden. Zugleich wird jedem Mitglied etwas angeboten, um sich zugehörig zu fühlen. Wenn mehr Eigenständigkeit und Eigeninitiative gefragt sind, muss das Team ein attraktiver Ort sein, dem man sich zugehörig fühlen kann und will. Das gilt für jedes Team, doch in der Selbstorganisation besonders, da die gemeinsame Arbeit Offenheit und persönliche Sichtbarkeit fordert. In der Literatur zur Selbstorganisation wird in diesem Zusammenhang von einem Streben nach Ganzheit gesprochen. Authentische Mitarbeiter:innen sollen sich über ihre berufliche Rolle hinaus „als ganzer Mensch" einbringen können.[4]

In den befragten Teams wird viel dafür getan, dass die einzelnen Mitglieder über ihre Funktion hinaus sich als Personen einbringen können. Neben den fachlichen wird

[4] Laloux, 2015, S. 48 ff.; Breidenbach/Rollow, 2019, S. 71.

privaten und persönlichen Themen ein besonderer Platz eingeräumt. Dies wird als Angebot an die Mitglieder verstanden, das man annehmen kann oder nicht. Allerdings entwickeln diese Angebote leicht eine Dynamik, die es schwer macht, sie nicht anzunehmen. Alle Teams in der Selbstorganisation stehen vor der Aufgabe, die Mitglieder ganzheitlich anzusprechen und zu integrieren und doch Raum zu lassen, individuelle Grenzen zu ziehen und Einzelne nicht zu überfordern. Wie lösen die Teams diese heikle Aufgabe?

Zeige dich als Mensch! Du bist als Person interessant

Unsere Teams sind überzeugt: Selbstorganisation bedeutet, den Menschen als Ganzes zu sehen. Dabei folgen sie weitestgehend der Devise: je persönlicher, je privater, desto besser. Sie haben Formen entwickelt, in denen das Persönliche, zum Teil auch das Private, geteilt und besprochen werden kann. Auch persönliche Empfindungen haben einen Raum.

Die Teams haben verschiedene Methoden entwickelt oder von außen übernommen, wie das Persönliche Einzug halten kann: Fast alle Teams kennen den Check-in zu Beginn eines jeden Meetings und den Check-out zum Abschluss. Darunter verstehen sie eine sehr offene Einladung mitzuteilen, in welcher Stimmung, Arbeitsfähigkeit und welchem Anliegen ein Teammitglied da ist (Check-in) bzw. wie zufrieden mit dem Ergebnis es das Meeting verlässt (Check-out). Es gibt Fragen nach den persönlichen Schmerzen mit einem Prozess oder einer Entwicklung und Übungen, um die eigenen Triggerpunkte in Konflikten zu erkennen, es wird ein Happinessfaktor erhoben oder eine Retrospektive mit der Frage eingeleitet: „Wenn du ein Tier wärst, welches Tier wärst du heute?“

Dabei verschwimmen auch (bewusst) sprachlich die Grenzen zwischen Beruf und Privatsphäre. Einige neue Vokabeln halten Einzug in die Kommunikation oder werden aus dem Vokabular der Selbsterfahrungsgruppen der 1980er-Jahre wiederbelebt. So wird von „Liebe“, „Schmerzen“, „Nöten“

oder „Spannungen“ gesprochen. Persönlichen Themen sind erst einmal keine Grenzen gesetzt. Auch ganz Persönliches – Krankheiten, Streit in der Familie, psychische Probleme – wird bewegt.

Allerdings ist es nicht nur eine Einladung, sondern es gibt auch eine deutliche Erwartung, sich als Person ansprechen zu lassen. Man kann sich nicht auf die formale Mitarbeiter:innenrolle zurückziehen. Einzelne Gesprächspartner:innen berichten davon, dass sie sich durch so manches Gespräch durchmogeln, das ihnen eigentlich zu persönlich ist. In einem Team wurden alle Mitglieder aufgefordert, ihre Lebenslinie inklusiver persönlicher Tiefschläge zu zeichnen und zu teilen. Diese Art der persönlichen Öffnung wurde von unseren Gesprächspartner:innen sehr unterschiedlich bewertet. Während viele betonten, wie gut das Team mit solchen Erfahrungen und dieser Art der sehr persönlichen Kommunikation zusammenwächst, äußerten andere Unwohlsein und berichten von Taktiken, sich durchzulavieren oder gänzlich zu entziehen:

Scrum Master: „Jeden Freitag bringe ich das Buch: ‚Zurück zur Liebe‘ mit und sage: ‚So Team, jetzt ist wieder Zeit, geliebt zu werden.‘ Dann heißt es ‚Oh Gott!‘, aber am Ende machen wieder alle mit, und es macht einen Heidenspaß. Aber trotzdem sagt jeder: ‚Wir wollen das eigentlich nicht‘“.

Team Mitglied: „Also ich finde, man muss das nicht alles teilen. Ich mache dann manchmal mit und mache doch nicht mit. Dann ist meine Linie etwas modifiziert.“

Scrum Master: „Ist ja auch völlig ok. Es wird niemand gezwungen.“

Tu was, um dich wohlzufühlen! Du hast hier einen Platz

Unsere Gesprächspartner:innen waren sich einig: Man hat den berechtigten Anspruch, sich in der Gruppe sozial wohlzufühlen. Und man hat die Verantwortung, etwas zu ändern, wenn man sich nicht mehr wohlfühlt.

Ein IT-Team sucht einen neuen Entwickler. Der frühere Kollege hatte das Team verlassen: „Er war ein Außenseiter." Obwohl er fachlich gebraucht wurde, ist kein Weg gefunden worden, ihn zu integrieren, da er am sozialen Teamleben außerhalb der Arbeit kaum teilnahm. Der Wechsel einer Kollegin in ein anderes Team wurde so begründet: „Die ungarische Mitarbeiterin zu integrieren, das ging nicht. Sie war zu weit weg und die Kultur zu verschieden." Es entstand kein Miteinander. Ein anderes Team formulierte: „Man muss dazu passen, selbst aktiv sein."

Hier waren sich die Gesprächspartner:innen einig, dass man selbst dafür sorgen muss, in ein passendes Team zu kommen und auch dafür, sich dort wohlzufühlen.

Kümmere dich um deine Zugehörigkeit! Du wirst gebraucht

Die Teammitglieder erwarten von sich und den Kolleg:innen ein starkes Commitment. Es ist auffallend, wie wenig sich die Teammitglieder beklagen. Weder über die Organisation noch über das eigene Team wurde geklagt. Im Gegenteil. Selbstorganisiert arbeiten zu können wurde als ein Privileg erlebt. Und sollte etwas nicht stimmig sein, dann hat jeder Einzelne die Aufgabe, etwas oder sich zu verändern. Der Status quo lautet: Ich bin gern hier.

Diese Erwartung hat zwei Seiten: Sie schafft Freiraum und legitimiert, Änderungen anzustreben. Gleichzeitig fordert sie auf, Verantwortung zu übernehmen und in der eigenen Rolle sichtbar zu werden.

„Zum Team gehört, wer sich zugehörig fühlt."

„In der Selbstorganisation kommuniziert man klar. Jeder fängt damit an, klar zu sagen, ich will und ich will nicht. Wer das nicht tut, kommt schnell in eine Opferrolle."

„Du musst dich selbst melden, wenn du Hilfe brauchst."

Die Mitglieder im Team sind gefordert, sichtbar zu machen, dass sie fachlich gebraucht werden. Sie müssen sich selbst ins Spiel bringen, um Teil eines Teams zu sein und in diesem Aufgaben zu übernehmen.

Das birgt neue Risiken:

„Du musst dich zeigen, denn wenn der Lead Link nicht mehr sagt, dich brauche ich, dann bist du raus."

„Man muss für sich eine passende Rolle finden und dann den Respekt der anderen gewinnen, indem sie diese Rolle anerkennen."

Und es birgt neue Chancen:

„Heute nimmt man den Einzelnen viel mehr wahr, die Rolle ist verantwortlich für das, was getan wird, nicht mehr die Führung."

An Mitarbeiter:innen werden nicht nur Erwartungen gestellt, gut zu arbeiten, sondern auch an die soziale Kompetenz, für sich einen Platz zu finden. Das ist ein hoher Anspruch, und die Interviews zeigen, dass dabei auch Personen auf der Strecke bleiben können – weil sie sich nicht melden, sie nicht sichtbar sind oder es sozial nicht passt:

„Also man muss irgendwie passen und das, was man einbringen kann, muss auch irgendwie reinpassen, sonst ist man nicht im Spiel."

„Das ist so eine Mischung aus Suchen und Gesuchtwerden."

Die Forderung, für sich ein Team und einen sicheren Platz zu finden, erhöht das Risiko, dass sich sehr homogene Teams bilden. Ähnlichkeit und soziale Passung sind machtvolle Kriterien der Selbstselektion.

> *„Also, die Idee ist, dass wir uns die Leute selber holen, die wir haben wollen. Also das Recruiting machen wir. Wir schauen, passt der ins Team und erfüllt der auch die Anforderungen, die wir haben. Wir wollen jetzt nicht irgendjemand, sondern es ist auch wichtig, dass der dann auch dazu passt."*

Mitgliedern als Personen einen Platz bieten: fünftes Fazit

- Mit der Einladung, sich persönlich einzubringen und sichtbar zu werden, ist zugleich die Forderung verbunden, dies auch zu tun. Die Bereitschaft dazu wird vorausgesetzt. Das ist ein Anspruch, der nicht leicht zu erfüllen ist und der soziale Kompetenzen erfordert. Wer sich nicht um den eigenen Platz kümmern kann oder will, kann an den Rand des Teams geraten oder wird (in seltenen Fällen) hinausgedrängt.
- Um den eigenen Mitgliedern nicht nur in ihrer Funktion, sondern auch als Person einen Platz zu geben, richten die Teams ihre Aufmerksamkeit auch auf persönliche und private Themen und Belange. Sie werden eingeladen, diese im Team ins Gespräch zu bringen. So lernt man sich gegenseitig mit aller Individualität und Unterschiedlichkeit kennen. Man weiß viel von den anderen und die anderen wissen viel von einem selbst. Die gegenseitige Offenheit macht sichtbar und verbindet.
- Unsere Gesprächspartner:innen sind sich darin einig, dass das Persönliche wichtig ist für das Team – doch der Grad ist schmal zwischen einem Zuviel und Zuwenig. In so gut wie allen Teams gibt es dafür feste Orte und Rituale, die allerdings inhaltlich sehr unterschiedlich gefüllt werden. In manchen Teams werden sehr persönliche Fragen besprochen, andere Teams sind eher fachlich fokussiert, fragen aber auch nach persönlichem Befinden und möglichen Störungen. In fast allen Teams gibt es Mitglieder, die sich offen zu persönlichen Fragen einbringen, und andere, die eher so tun als ob.
- Mitglieder gut zu integrieren, die eine geringere soziale und sprachliche Kompetenz oder wenig Interesse haben, sich persönlich zu zeigen, scheint eine der zentralen Herausfor-

derungen für Teams in der Selbstorganisation zu sein. In der aktuellen Literatur zur neuen Arbeitswelt sind den Ansprüchen und Erwartungen an Psychologisierung und soziale Kompetenz wenige Grenzen gesetzt. Joana Breidenbach und Bettina Rollow schreiben in ihrem Buch „New Work needs Inner Work", dass Empathie der zentrale Klebstoff ist, der die Gemeinschaft zusammenhalte.[5] Sie empfehlen, empathieschwache Mitarbeiter:innen zu erkennen und als solche zu benennen: „Teams haben dann zwei Möglichkeiten: Entweder die empathieschwache Mitarbeiterin und das Team trennen sich oder Teams … achten darauf, dass sie Aufgaben übernimmt, bei denen Empathie weniger wichtig ist."[6] Solch eine Psychologisierung ist aus unserer Sicht weder realistisch noch erstrebenswert. Und sie zeigt einen Anspruch an soziale Kompetenz, psychische Stabilität und persönliche Offenheit, der viele Menschen ausschließt.

5.6 Reflexion – Lernen aus den eigenen Erfahrungen

In den vorhergehenden Kapiteln haben wir beschrieben, wie die einzelnen Teams mit grundlegenden Aufgaben umgehen, wie sie Grenzen ziehen, wie sie für Kontinuität und Veränderung sorgen, wie sie kommunizieren und Entscheidungen treffen, wie in den Teams geführt wird und wie die einzelnen Beteiligten in das Team integriert werden. Abschließend fragen wir, wie sie dies reflektieren und die Regeln gestalten, nach denen sie arbeiten, d.h. wie sie sich selbst steuern.

„Die Idee, dass ein Team sich selbst steuert, gründet auf dem Gedanken, dass es aus den gemachten Erfahrungen dann klug werden kann, wenn es diese Erfahrungen systematisch auswertet und Schlüsse für die weitere Arbeit daraus zieht."[7] Das ist ein voraussetzungsvolles Konzept, denn die Beteiligten müssen bereit und fähig sein, sich

[5] Breidenbach/Rollow, 2019, S. 78.
[6] Breidenbach/Rollow, 2019, S. 78.
[7] Edding/Schattenhofer, 2020, S. 109.

kritisch mit der eigenen Arbeit und Zusammenarbeit auseinanderzusetzen. Und die Organisation muss dafür die geeigneten Mittel und Zeiträume zur Verfügung stellen. Das ist bei allen befragten Teams der Fall. Alle befragten Teams verfügen über differenzierte Besprechungsformen und damit Orte, die eigene Arbeit und die Zusammenarbeit zu reflektieren.

Das Konzept der thematischen Grenzen

Im ersten Teil des Abschnitts zur sechsten Teamaufgabe geht es zunächst darum, wie die Teams diese Räume und Gelegenheiten nutzen, welche Fragen und Themen sie besprechen und untersuchen und welche nicht. Das führt uns zum Konzept der thematischen Grenzen in sozialen Systemen.[8]

Wie alle Grenzziehungen und Regelungen sorgen thematische Grenzen für Berechenbarkeit, Kontinuität und Orientierung. Die Beteiligten können sich darauf verlassen, worüber in einem spezifischen sozialen Kontext geredet wird oder geredet werden kann und worüber nicht. Wird die Grenze übertreten, bemerken sie dies in der Regel sofort. Die anderen schauen seltsam, der grenzwertige Beitrag wird ignoriert, Schweigen tritt ein. Es wird irgendwie peinlich.

Eine weitere Funktion thematischer Grenzen liegt darin, dass durch den Ausschluss bestimmter Inhalte aus der gemeinsamen Kommunikation die innere Ordnung und der Zusammenhalt geschützt werden. Zerstörerische, die Beteiligten trennende, aber auch die bestehenden Ordnung infrage stellende Inhalte bleiben draußen. Der Frieden, die Harmonie werden nicht gestört.

Solche „Sprachregelungen“ sind Ausdruck bestimmter gesellschaftlicher, kultureller, religiöser Normen, die historisch entstanden sind und die jede:r von uns – bewusst und unbewusst – gut gelernt hat. In vertrauter Umgebung halten wir uns fast automatisch daran. In neuen Kontexten stoßen

[8] Schattenhofer, 1992.

wir immer wieder an diese Grenzen, wir übertreten sie, ohne es zu ahnen, erleben das betretene Schweigen oder die Irritation anderer und müssen die Regeln erst lernen.

In Arbeitsorganisationen schützt die thematische Grenze die arbeitsbezogenen Inhalte vor allen anderen Angelegenheiten, die mit der Arbeit nichts zu tun haben oder diese stören können. Die Beteiligten kommunizieren miteinander in Bezug auf ihre Rollen und Aufgaben, die sie zur Erreichung des gemeinsamen Arbeitszieles übernehmen. Alles Persönliche und Private bleibt außen vor oder wird außerhalb des formellen Rahmens, beispielsweise in der Pause, besprochen. In Teams steht die Sachaufgabe im Zentrum des Gesprächs.

Da die Beteiligten ihre Person mit ihren speziellen Wünschen und Ängsten in die Arbeit mitbringen und sie sich auch als Person der Gruppe zugehörig fühlen wollen, muss die thematische Grenze gegenüber persönlichen und privaten Inhalten und Bedürfnissen jeweils spezifisch ausbalanciert werden. Zu wenig schafft keinen Zusammenhalt, zu viel beeinträchtigt die Arbeit (siehe Kapitel 1.2. Sieben Merkmale eines Teams).

Manchmal wird in Teams explizit formuliert, was hineingehört und was nicht. In den meisten Fällen ist den Einzelnen unausgesprochen klar, worüber man reden kann und worüber nicht. Der jeweilige soziale Kontext legt dies weitgehend fest. Das sind im Arbeitskontext beispielsweise alle darauf bezogenen Inhalte, wie die Organisation der Arbeit und ihre Verteilung, die Suche nach fachlichen Lösungen oder die Planung von Projekten, um einige Beispiele zu nennen.

Aus dem formalen Gespräch im Arbeitskontext ausgeschlossen sind in der Regel persönliche oder private Angelegenheiten: Die Partnerschaft der Einzelnen, ihre sexuelle Orientierung, die Reiseziele im Urlaub, aber auch ihre Ernährungsgewohnheiten – solange diese persönlichen Umstände keine Auswirkungen auf die Arbeit haben. Darüber kann man in informellen Gesprächssituationen, in den Kaffeepausen oder vor und nach einem Treffen sprechen, muss es aber nicht tun.

Bei formalen Treffen und Besprechungen sind persönliche Inhalte in aller Regel zwar nicht verboten bzw. finden als Warm-up zum Auftakt statt. Berichtet aber jemand bei einem Teammeeting ausführlich über den letzten Urlaub, dann fällt das auf und irritiert wahrscheinlich. Man könnte die Person ermahnen, zur Sache zu kommen.

Für unsere Frage nach den thematischen Grenzen ist interessant, ob jemand eine solche Ermahnung aussprechen kann, ob er/sie das darf oder vielleicht sogar müsste. Dazu muss sie/er einerseits bereit sein, sich der betreffenden Person gegenüber vor den anderen kritisch zu äußern. Andererseits muss aber auch die geltende thematische Grenze des jeweiligen Teams das zulassen. Wo die (meist unausgesprochene) Regel gilt „Kritisiere niemanden!“, wird man sich viele Urlaubsgeschichten anhören (müssen).

Meistens stellen wir uns in Teams unausgesprochen aufeinander ein, ohne dass viel geregelt werden muss. Der Frieden kann jedoch gestört sein, wenn sich jemand mit privaten Erlebnissen bei formalen Besprechungen zu sehr ausbreitet oder Tabuthemen berührt. In hierarchischen Verhältnissen ist es die Aufgabe der verantwortlichen Führungskraft, sich an dieser Stelle einzumischen. Die anderen Teammitglieder können sich (leichter) heraushalten und einem Konflikt ausweichen. Teams in der Selbstorganisation stehen genau vor diesem Problem: Wo es keine formelle Führungskraft gibt, müssen die Beteiligten sich gegenseitig „führen“. Auf der Ebene des Teams muss es Zeiten und Räume geben, in denen Teammitglieder sich trauen, anderen eine kritische Rückmeldung zu geben.

Die Antwort auf die Frage, worüber geredet wird und worüber nicht, und ebenso die Frage, inwieweit Rückmeldungen an andere Mitglieder und die Gruppe möglich und erwünscht sind, berührt den Kern dessen, was wir Selbststeuerung nennen, nämlich die Möglichkeit, sich nicht nur über das Was (die Sachaufgabe), sondern auch über das Wie (die Zusammenarbeit) innerhalb des Teams zu verständigen.

In unserer Untersuchung haben wir den Teams dazu folgende Fragen gestellt:

- Worüber redet ihr in den formalen Besprechungen?
- Was wird dort angesprochen, was bleibt außen vor?
- Was wäre gut, einmal zu besprechen, ihr kommt aber nicht dazu?

Worüber wird in den Teams gesprochen und worüber nicht

Die Befragten berichteten übereinstimmend, dass die fachliche Aufgabe – der Zweck des jeweiligen Teams – im Mittelpunkt steht. Das verbindet die Beteiligten, darüber wird bei den verschiedensten Anlässen gesprochen.

Die fachliche Aufgabe steht im Mittelpunkt

Jedoch ist die Kommunikation nicht darauf begrenzt. Die Frage, worüber gesprochen wird und worüber nicht, beantworteten die Befragten fast überall mit:

„Wir können über alles reden“

Die Gemeinschaft, in der man Vieles teilt

Spontan äußerten die Befragten, dass es im Team keine Tabus gebe. Auch die privaten Themen haben weitgehend ihren Platz im Gespräch in der Gruppe. Beim Check-in beginnt man beispielsweise nicht mit Fachlichem, sondern spricht darüber, wo man gerade herkommt.

Die Aussage „Wir können über alles reden“ klingt zugleich wie ein Anspruch, der in den Teams an die Beteiligten gestellt wird. Die Einzelnen sollen als Person in Erscheinung treten, nicht nur in ihrer aufgabenbezogenen Rolle. Die Arbeitsumgebungen sind funktional auf die persönliche Begegnung ausgerichtet. In manchen Workspaces sieht es nach Wohngemeinschaft aus, in der man neben dem Arbeiten auch gemeinsam kocht und spielt. In einer Gemeinschaft unterstützt man sich nicht nur gegenseitig bei der Arbeit, man hat auch ein offenes Ohr für persönliche Themen und Anliegen. Die Grenze zwischen informellen Gesprächen und formellen Besprechungen ist durchlässig, das eine geht leicht ins andere über.

„Wir haben eigentlich nichts, worüber wir nicht reden können. Es macht die Stärke von dem Team aus, dass man so viel teilt, ob das jetzt persönlich ist oder ob es irgendwie um Arbeit geht."

Fehlt die persönliche Kommunikation, wird dies als Defizit benannt. So äußerte ein Scrum Master, dass aus seiner Sicht das persönliche Befinden und die privaten Probleme Einzelner, die unter Umständen die Leistung beeinflussen, zu wenig besprochen würden.

Thematische Grenzen

	Team 1	Team 2	Team 3	Team 4	Team 5	Team 6	Team 7	Team 8	Team 9
Was ist besprechbar? Worüber können wir reden?	Alles Fachliche und Sachliche. „Wenn die Truppe frustriert, genervt, krankheitsgefährdet ist, dann ist das eines unserer Themen. Das wird sachlich diskutiert und gelöst."	Alles Fachliche, die verschiedenen Projekte und Vorhaben in den Untergruppen	Alle Absprachen in Bezug auf die Arbeit. Wünsche bei der Planung der Schichten, Kennzahlen, Listen, Fehler. Jeder kann sagen: „Ich habe Scheiße gebaut!." Wo hakt es?	Alles Fachliche, Planungen, Projekte, Projektverzögerungen. Kollegiale Kritik, auch mal strengere Worte, wenn jemand Blödsinn programmiert, Verhalten Einzelner – wenn jemand sich am Informellen nicht beteiligt	Es gibt eigentlich nichts, worüber wir nicht reden, fast alles wird geteilt. Fachliches, Stimmungen, Höhen, Tiefen. Die Gründe dafür kennen	Alles Fachliche, die Fähigkeiten der Einzelnen, Unzufriedenheit mit der Arbeit anderer, Check-in – wo komme ich her	Das Wenigste wird nicht angesprochen	Regelmäßige Besprechung aller Projekte, an denen jeweils mindestens zwei im Team zusammenarbeiten	Eigentlich alles. Zugehörigkeit, Wertschätzung, Privates (Kinder, Eltern, Gesundheit), Freude und Schmerz in der Arbeit. Unsere Stärken und Fehler, Einflüsse von außen
Was ist nicht leicht besprechbar? Wo ist es unklar, ob es hierhergehört? Worüber sollten wir reden?		Wer darf die Gruppe nach außen vertreten? Wer ist sichtbar, wer nicht?	Um des lieben Friedens willen spricht man zwei, drei Punkte nicht an. Die eigenen Wünsche nicht in den Vordergrund stellen				Bei Unzufriedenheit mit der Arbeit einzelner Kollegen erst mit anderen und dem Chef darüber reden: „Wir lernen noch, das anzusprechen."	Das persönliche Befinden wird zu wenig besprochen. Wir kritisieren die Projekte anderer nicht – die Blackheads in der Gruppe fehlen	Was treibt jeden an? Das würde mal guttun
Was ist ausgeschlossen? Worüber reden wir nicht?	„Teamthemen spielen keine Rolle. Befindlichkeiten stellen wir hinten an."	Konflikte um die Sichtbarkeit. Jeder will sichtbar werden, nicht nur der Repräsentant. Unzufriedenheit, Neider, Legitimation der Leitung	Kritik an Einzelnen, die nicht mitmachen – „im großen Kreis würde ich das nie ansprechen – nicht vor dem Vorgesetzten – das sollte nicht ‚nach oben' kommen."	Fast nichts! Konflikgespräch mit einem Kollegen nur im kleinen Kreis Kündigung eines Kollegen nur mit der Führungskraft besprochen	Geld, persönliches Feedback nicht frontal – kein Zwangsmodell	Wenn jemand nicht antwortet, dann ihn/sie nicht direkt ansprechen. Das ist dann Aufgabe des Lead Links	Schwere Kritik. Wir kritisieren uns nicht offen, das ist die Regel	Wir kritisieren die Projekte der anderen nicht	Man darf nicht über Abwesende lästern – Dampf ablassen ist erlaubt, aber dann muss es konstruktiv werden
Spezielle Methoden zur Bearbeitung von Spannungen und Konflikten					Walk and Talk	Clear the air haben wir gerade gelernt. Jetzt gibt es keine Konflikte mehr CTA stärkt das Vertrauen – extrem beziehungsförderlich	Clear the air wird gerade eingeführt – Schulungen in gewaltfreier Kommunikation werden angeboten		Regelmäßige Clear-the-air-Meetings zur Bearbeitung von Spannungen mithilfe externer Moderation

In einem Team mit dieser Art Gemeinschaftsleben gerät leicht ins Abseits, wer sich zu stark abgrenzt und die anderen zu wenig in die eigenen Belange einbezieht. So berichtet uns ein Team, dass ein Kollege nicht zu integrieren gewesen sei. Das habe keine fachlichen Gründe gehabt. Vielmehr habe der Kollege sich persönlich nicht eingebracht und sei sozialen Zusammenkünften trotz regelmäßiger Einladung ferngeblieben.

Das Team als Selbsterfahrungsgruppe

In den befragten Teams treffen sich Menschen, die gerade gemeinsam die Erfahrung der Selbstorganisation machen und das auch persönlich als neu, als Aufbruch, als Herausforderung erleben. Das bietet die Chance, sich auch persönlich weiterzuentwickeln und die notwendigen sozialen Fähigkeiten zu erwerben.

In manchen Teams haben die Scrum Master dazu eingeladen, sich über die eigenen Antreiber, die eigenen Schmerzpunkte, die eigene berufliche und persönliche Karriere mit ihren Höhen und Tiefen auszutauschen. Das sind Fragestellungen, bei denen man etwas über die Hintergründe des eigenen und des Verhaltens der anderen erfahren kann und die auch gut in eine Selbsterfahrungsgruppe passen würden.

So hat in einem Team der Scrum Master „Walk and Talk" eingeführt, also Spaziergänge, während derer im Zweiergespräch persönliche Dinge besprochen werden können, die nicht in die große Runde gehören. In einem anderen Team wurde in einem Workshop die „Story of me, story of it, story of us"[9] besprochen oder den anderen die eigene Lebenslinie mit ihren persönlichen Tiefschlägen (wann ist z. B. jemand gestorben) vorgestellt – „das war schon sehr persönlich für den einen oder anderen".

Es wird niemand gezwungen, bei den Ausflügen ins sehr Persönliche mitzumachen. Man kann sich ihnen aber nicht leicht entziehen, denn es gehört zur Kultur der Teams, sich darauf einzulassen. Unklar bleibt, ab wann etwas so persön-

[9] „Story of me" ist eine verbreitete Übung in der Selbsterfahrungsszene.

lich ist, dass es im Arbeitskontext niemanden mehr etwas angeht. Diese Grenze ist nicht eindeutig auszumachen und wird als solche auch nicht thematisiert.

Kollegiale Kritik ist ein sensibles Thema

Alle unsere Gesprächspartner finden Feedback wichtig, und man ist sich einig darin, dass kollegiale Kritik wichtig ist, um die Arbeit zu steuern und sich miteinander weiterzuentwickeln. Gleichzeitig scheint dies der schwierigste Aspekt der gemeinsamen Reflexion zu sein. Für die meisten Teams war es leichter, schwierige persönliche Lebensereignisse miteinander zu besprechen als zum Beispiel Leistungsunterschiede im Team.

Kollegiale Kritik wird gewünscht, ist aber heikel. Teams, in denen offen Kritik an der Arbeit der Kolleg:innen geäußert wird, bilden in unseren Gesprächen die große Ausnahme:

> *„Wenn jemand Blödsinn programmiert, klar, dann gibt es offene, auch mal strenge Worte. Ja, auch untereinander."*

Ansonsten bleibt Kritik an den Kolleg:innen eine seltene und sensible Angelegenheit. Obwohl sich alle einig sind, dass man sich durchaus gegenseitig auf Fehler hinweisen kann, ist die Praxis eine andere:

> *„Es gibt keine offene Kritik."*

> *„Einzelne zu kritisieren, zum Beispiel weil sie nicht gut mitarbeiten, also im großen Kreis würde ich das nie machen."*

> *„Die ungleiche Arbeitslast und Arbeitsqualität werden nicht thematisiert. Es ist auch unklar, ob es etwas ändern würde. Aber es ist klar, dass es schaden kann."*

Heikle Themen wie Macht- und Einflussspiele finden im Informellen statt. Eines der Teams berichtete beispielsweise von einem Konflikt, der über zwei Telefonate mit dem Teamleiter gelöst wurde. Beide Telefonate waren eher inoffiziell, zwar in der Arbeitszeit, aber ohne Protokoll und nicht im Rahmen einer förmlichen Besprechung. So erfuhren einige unserer Gesprächsteilnehmer:innen erst während des gemeinsamen Interviews vom Konflikt und dessen Lösung.

Direkte kritische persönliche Rückmeldungen sind nach Aussage unserer Gesprächspartner:innen eher selten. Kompetenzunterschiede dagegen können in einigen Formaten zur Sprache kommen. Andere Teams berichten von Rückmelderunden, bei denen die Frage gestellt wird, wer was besonders gut könne. In einem weiteren Team wird diese Frage bei der Aufgabenverteilung angesprochen. In den Beispielen wird deutlich: Es ist anscheinend leichter zu kommentieren, wer was gut kann, als zu kritisieren, wer etwas nicht kann.

Dampfkesselprinzip – Reflexion der Führungsrollen

Bei den teamintern verteilten Führungsrollen ergibt sich ein differenziertes, uneindeutiges Bild. In einem Team wird denen, die Führungsrollen ausgeübt haben, eine Rückmeldung zu ihrem Führungsverhalten gegeben. In den beiden Teams, in denen ihre Gründer:innen mit den Rollen des Repräsentierens und Koordinierens die zentralen Funktionen ausfüllen, die auch nach außen sichtbar sind, wird über ihre Sonderstellung nicht gesprochen. Dies, obwohl sie zu Unzufriedenheiten der anderen Beteiligten führten. Es scheint schwierig, etablierte Strukturen offen infrage zu stellen. In einem weiteren Team bekam der Product Owner nach eigenen Worten „eine kalte Dusche", als andere mit ihr unzufrieden waren. Kritik kam spät und dann heftig. Sie hat länger gebraucht, das zu verarbeiten.

Nur in einem Team werden die Führungsrollen regelmäßig reflektiert. In den anderen scheint das „Dampfkesselprinzip" vorzuherrschen: Probleme mit der Führung werden erst dann angesprochen, wenn sich einiger Ärger angestaut hat.

„Feedback lernen wir gerade"

Feedback dient als Methode, sich gegenseitig über das jeweils beobachtete Verhalten und seine gewollten und ungewollten Wirkungen aufzuklären und damit mehr Verständnis und gegebenenfalls Veränderungen zu bewirken. Das ist eine anspruchsvolle Art der Kommunikation (siehe Kapitel 1.6 Feedback als Methode).

Auf die Frage, ob und wie in den Teams Feedback gegeben wird, war die gemeinsame Einschätzung, dass es als sensible Angelegenheit gesehen wird, die mit Vorsicht behandelt werden muss.

> *„Bei uns gibt es Feedback, aber nicht so persönlich. Wir fragen nicht: ‚Was gefällt mir an dir, was wünsch ich mir von dir?'"*
>
> *„Ich bin froh, dass es kein Zwangsmodell für Feedback gibt."*
>
> *„Rückmeldungen untereinander gibt es formal nicht – jetzt werden gerade Mitarbeitergespräche mit Rückmeldungen mit dem Vorgesetzten eingeführt."*
>
> *„Wir lernen das noch, das Ansprechen."*

In keinem Team gibt es ein institutionalisiertes Feedback. Drei der Teams führen gerade das Verfahren „Clear the air" ein (siehe Seite 89), in einem weiteren können die Mitglieder diesbezügliche Schulungen besuchen. Unter Anleitung unbeteiligter Dritter lernen die Mitarbeiter:innen Feedback auf eine Weise zu geben, die für andere förderlich und annehmbar ist und die bei der Klärung von aktuellen Spannungen und Konflikten sowie zur dauerhaften Pflege des Teams eingesetzt werden kann.

Worüber nicht gesprochen wird

In den Teams gibt es Themen, über die nach allgemeiner Übereinstimmung nicht gesprochen wird. Neben direkter Kritik sind das die Gehälter sowie die unterschiedlichen Arbeitsverträge und Arbeitsverhältnisse, die es in manchen Teams gibt.

Man kann das so interpretieren, dass trennende Arbeitsbedingungen, die Unterschiede markieren, auf die das Team keinen Einfluss hat, außen vorgelassen werden. „Sollbruchstellen" werden aus der Kommunikation ausgeklammert, um sie nicht zu vertiefen.

Die Reflexivität der Teams

Unsere Teams sprechen ausführlich über sich und ihre Arbeit. So nehmen sie sich auch selbst wahr, wie die Auswertung des Fragebogens zur Teamreflexivität[10] zeigt. Am Ende von acht der neun Teamgespräche[11] baten wir die Teilnehmenden, den standardisierten Fragebogen zur Teamreflexivität auszufüllen.[12] Die Ergebnisse zeigen eine gute und rege Reflexivität in den Teams (siehe die folgende Tabelle). Hier wird zwischen aufgabenbezogener und sozialer Reflexivität unterschieden. Es zeigt sich unter anderem, dass ein Team niedrige Angaben zur aufgabenbezogenen Reflexivität macht. Das passt dazu, dass die Mitglieder dieses sehr kleinen Teams verstreut über viele Standorte arbeiten und eine verhältnismäßig geringe fachliche Abhängigkeit voneinander haben.

Reflexivität der Teams

	Team 1	Team 3	Team 4	Team 5	Team 6	Team 7	Team 8	Team 9
Aufgabenbezogene Reflexivität	44	41	44	44	40,3	31	46	54
Soziale Reflexivität	48	44	48	51,5	41,3	43	47	56

[10] Der Fragebogen zur Teamreflexivität von Dick/West, 2005, wird im Abschnitt 1.5.3 vorgestellt.

[11] Bei einer Befragung war es aus organisatorischen Gründen nicht möglich, den Bogen zu verteilen.

[12] Der Fragebogen hat für aufgabenbezogene und soziale Reflexivität jeweils acht Items. Die Antworten (1 = stimme gar nicht zu und 7 = stimme voll zu) werden über die Items addiert. Das ergibt eine mögliche Skala von 8 bis 56 mit einem Mittelwert von 24. Für Teams werden die Antworten aller Teammitglieder zusammengezählt und durch die Anzahl der Teammitglieder geteilt. So erhält man für jedes Team einen Durchschnittswert für die aufgabenbezogene und für die soziale Reflexivität.

In beiden Dimensionen sind Werte zwischen 8 und 56 möglich. Werte zwischen 8 und 31 bezeichnen die Autoren als „schlecht verankerte Reflexivität, es besteht Handlungsbedarf"; Werte zwischen 32 und 40 als „teils gut ausgeprägt doch mit Verbesserungsbedarf" und alles über 40 bewerten die Autoren als eine „gute Situation" hinsichtlich der Reflexivität im Team.

Interessant ist, mit den Teams über die Antworten ins Gespräch zu kommen und insbesondere die Einzelitems sowohl als analytische Hinweise als auch als Anregungen aufzufassen. Darauf gehen wir in Kapitel 6 ein.

An dieser Stelle soll es reichen festzustellen, dass alle Teams von einer hohen sozialen Reflexivität berichten und bis auf Team 7 zudem eine hohe aufgabenbezogene Reflexivität besteht. Das macht sie lernfähig. Sie erleben, reflektieren und können in der Folge neue Entscheidungen treffen. Alle Teams konnten konkret benennen, wo sie im gemeinsamen Gespräch aus Erfahrungen gelernt haben. Die regelmäßigen Reflexionsschleifen zielen häufig auf die kontinuierliche Verbesserung der fachlichen Arbeit. Es wird geprüft, ob die jeweiligen (Zwischen-)Ziele erreicht wurden, welche Hindernisse es gab und wie diese auszuräumen sind. Jedes Team konnte eine Reihe von gelungenen Beispielen benennen.

> *„Die Kultur, die wir versuchen zu leben und zu etablieren, verändern wir in kleinen iterativen Schritten."*

Die Teams beschreiben das als einen Lernprozess, der von einer strengen und genauen Umsetzung der Verfahren zu einem flexibleren Umgang damit führt.

Manche der Teams konnten informellen Normen auf die Spur kommen, die ihnen die Arbeit erschwerten, und die sie daraufhin veränderten. In einem Team wurde beobachtet, dass kritische Anmerkungen zu einzelnen Projekten lieber vor der Tür gemacht werden. Zudem stellten sie fest, dass, nachdem zwei sehr kritische Kollegen das Team verlassen hatten, nun bei den Meetings deren Stimme fehlt. Beide hatten immer ein Haar in der Suppe gefunden. Das war oft unbequem. Aber nun ist keiner mehr da, um „Haare" zu finden. Das besprachen sie bei einer Reflexion und ermunterten die Kritiker:innen, ihre Meinung zu sagen. Bei einer Retrospektive wurde das Thema der Verantwortungsübernahme angesprochen. Die Ängste einiger langjähriger Kolleg:innen, Fehler einzugestehen, werden deutlich. Sie hatten damit schlechte Erfahrungen gemacht. Es hat lange gedauert, bis ihre Befürchtungen zum Thema wurden.

„Sich in solchen Retros dafür Zeit zu nehmen, hat sich gelohnt, da kann man über solche Sachen sprechen. Dadurch haben sich auch die Dailies verbessert."

Lernen aus den eigenen Erfahrungen: sechstes Fazit

- Die befragten Teams sind in hohem Maße reflexiv, sie können nicht nur ihre Arbeit gestalten, sondern innerhalb der vorgegebenen Grenzen auch ihre eigenen Arbeitsformen sowie die dafür notwendigen Strukturen und Prozesse organisieren. Sie haben gelernt, vorgegebene Regeln ihren Erfordernissen anzupassen.
- Die Teams sind lernfähig. Sie nutzen die Reflexion gemeinsam gemachter Erfahrungen, um sich weiterzuentwickeln.
- In den Teams wird vorsichtig mit gegenseitiger Kritik umgegangen, heikle Themen werden eher ausgespart. Man will andere nicht vor der Gruppe vorführen oder den Frieden und den Zusammenhalt gefährden. Das teilen Teams in Selbstorganisation mit den meisten anderen Teams. Man kann diese Grenze als Vermeidung interpretieren, die die Lernfähigkeit der Teams einschränkt, oder als Schutz, der die Teams vor großen Spannungen, Zerfall oder dem Weggang Einzelner bewahrt. Aus unserer Sicht ist es eine Mischung von beidem.
- Feedback wird nur sehr vorsichtig bis gar nicht praktiziert, obwohl es als wichtig angesehen wird. Die Teams sehen, dass sie hier miteinander lernen können, um Konflikte früher ansprechen zu können.
- Drei der neun Teams haben sich auf die Suche gemacht, Formen oder Wege zu finden, wie Feedbackprozesse initiiert werden können, ohne bedrohlich zu sein. Dabei geht es zum einen um fachliche Qualifizierung (Gewaltfreie Kommunikation und Coaching) sowie um Methoden, in denen qualifizierte unbeteiligte Dritte eingebunden werden – wie bei „Clear the air".

- Die Führung durch die Teammitglieder in den verschiedenen Rollen wird in der Regel nur dann thematisiert, wenn es Schwierigkeiten gibt.

Kapitel 6: Führung, die stärkt statt stört – Herausforderungen an die Führung in der Selbstorganisation

Zu den großen Überraschungen unserer Studie zählte der durchgängig positive Blick der Teammitglieder auf Führung und Führungskräfte. So deutlich hatten wir damit nicht gerechnet. In den frühen Jahren der Selbstorganisation, in den 1980er- und 1990er-Jahren, lautete die zentrale Frage: „Braucht Selbstorganisation überhaupt Führung?"[1]. Aber diese Frage kam nun gar nicht auf. Im Gegenteil: Alle Teams der Studie hielten Führung für notwendig und wollten Aufgaben an Führung abgeben. Und bis auf eine Ausnahme waren alle sehr zufrieden mit ihrer Führungskraft und der Unterstützung, die sie erhalten. Wie kommt es zu dieser Zufriedenheit? Wie verstehen die Führungskräfte ihre Rolle? Was tun sie und was lassen sie, dass sie nicht nur nicht infrage gestellt werden, sondern als hilfreich und unterstützend erlebt werden? In einem Satz lautet die Antwort auf diese Fragen:

Führung ist präsent, ohne zu stören. Sie stoppt die Teams nicht im Tun.

6.1 Führen oder folgen?

Niemals Verhalten stoppen und positives Verhalten fördern – dieses Designprinzip beschreibt ziemlich gut die Haltung und wohl auch den Grund des Erfolges der Führungskräfte, mit denen wir gesprochen haben. Es geht nicht darum zu stoppen, was ist, und andere Lösungen vorzuschlagen, sondern es geht darum, auf das zu reagieren, was

[1] Schattenhofer, 1992.

in den Teams passiert, und Impulse zu setzen, die die Teams unterstützen, sich weiterzuentwickeln.

In hierarchischen Organisationen bezieht sich Führung in der Regel auf ein Ziel (ein inhaltliches Ziel oder ein Verhaltensziel, eine Vision, ein Produkt, Qualität, Strategie). Dieses Ziel wird in Zielvereinbarungen festgehalten. Eine Führungskraft sollte erst dann handeln, wenn das Erreichen dieses Zieles gefährdet ist. Häufig handeln Führungskräfte auch früher, und zwar entweder, um sich abzusichern, dass alles richtig läuft, oder wenn sie annehmen, dass ihre eigenen Ideen schneller oder besser zum Ziel führen als das, was das Team gerade tut. Das führt zu einer Dynamik, in der Mitarbeiter:innen mit großer Regelmäßigkeit (beispielsweise durch Verpflichtung zu zeitaufwendigen Dokumentationen, Freigabeprozessen, zentral gesteuerten Methoden) in dem behindert werden, was sie für sinnvoll halten und tun wollen. Mitarbeiter:innen möchten arbeiten, fühlen sich jedoch von der Führung und/oder dem Management zu häufig behindert.[2] Etwas plakativ, aber nicht gänzlich verkehrt wird immer wieder behauptet: Mitarbeiter:innen entscheiden sich für die Aufgabe, wenn sie ins Unternehmen kommen, und gegen die Führung, wenn sie es verlassen.

Hier machen die Führungskräfte, mit denen wir gesprochen haben, einen Unterschied. In einem Punkt waren sich acht der neun Teams einig: Sie fühlten sich von ihrer Führung nicht in der Arbeit behindert. Sie konnten sich auf die Aufgabe konzentrieren, hatten die Informationen und den Entscheidungsraum, den sie brauchten, und mussten sich nicht mit Führung auseinandersetzen. Wie gelingt das? Die Führungskräfte, mit denen wir sprachen, mischen sich nicht in Inhalte ein, führen die Teams nicht vom Ziel her und beziehen sich deutlich weniger auf die Zukunft. Sie sehen ihre Aufgabe vielmehr darin, die Arbeitsfähigkeit der Teams und ihre Wirksamkeit in die Organisation hinein abzusichern. Der Fokus der Führung liegt im Hier und Jetzt. Sie stoppen die Teams nicht im Tun.

Wie schon die Teams, waren auch die Führungskräfte sehr offen, reflektiert, mitteilungsfähig und mitteilungswillig.

[2] Pinder, 2014; Rosso et al, 2010.

Alle unsere Gesprächspartner:innen hatten sich mit ihrer Rolle als Führungskraft in der Selbstorganisation auseinandergesetzt und konnten ihren Weg in diese Rolle beschreiben. Viele sagen über sich, dass sie schon immer sehr partizipativ und mitarbeiterorientiert geführt haben und sich in der direkten Interaktion nicht viel geändert habe.

Das Besondere an Führung in der Selbstorganisation besteht darin, dass nicht vom Ziel her geführt werden kann. Weder weiß die Führungskraft, was wie getan werden muss, noch hat sie die Position, es vorzugeben. Ihre Aufgabe ist, die zu stärken, die wissen und entscheiden, was getan werden muss: die Teams.

6.2 Wie kann Führung in der Selbstorganisation gelingen?

Den Führungskräften in den Organisationen unserer Studie gelingt es, die Teams zu stärken, ohne sie zu stören. Sie richten nicht den Schaden an, den Führung sonst häufig anrichtet – kränken, stoppen, behindern. Wie gelingt das?

- Die Führungskräfte haben nicht den Anspruch und spüren nicht die Erwartung, es besser wissen zu müssen als die Teams.
- Sie sind kein Flaschenhals für Entscheidungen.
- Sie schauen weniger auf den Inhalt des Tuns als auf die Arbeitsfähigkeit der Teams und die Zusammenarbeit. Wenn Führungskräfte das Ziel nicht vorgeben können, bleibt ihnen auch kaum etwas anderes übrig. Sie beobachten die Teams und fragen: Woran erkenne ich, ob das Team arbeitsfähig ist? Und wenn es nicht arbeitsfähig scheint: Woran erkenne ich, was das Team braucht und ob es etwas von mir braucht? Dabei geht es nicht nur um das Team selbst, sondern auch um den organisationalen Rahmen, in dem sich das Team bewegt.
- Die Führungskräfte kontrollieren nicht. Dadurch entfallen zahlreiche Formalitäten, Dokumentationen und bürokratische Auflagen, die primär der eigenen Absi-

cherung dienen. Das spart Arbeit und öffnet die Türen, mehr zu experimentieren und Entscheidungen schneller zu korrigieren.
- Führungskräfte verlieren an Bedeutung, weil viele ihrer typischen Aufgaben, wie die Leitung von Besprechungen, die gegenseitige Information, die Vertretung der Bedarfe und Arbeitsergebnisse nach außen, von den Teammitgliedern selbst übernommen werden.

Gelingende Führung in der Selbstorganisation basiert unserer Beobachtung nach auf drei grundlegenden Prinzipien:[3]

1. Hart nach außen: das Team vor der Organisation und ihrer vereinnahmenden Dynamik schützen.
2. Zart nach innen: den schmalen Grat finden zwischen zu viel und zu wenig Kontakt mit dem Team.
3. Ehrlich mit sich: Was mache ich und wie geht es mir?

Drei Prinzipien gelingender Führung in der Selbstorganisation

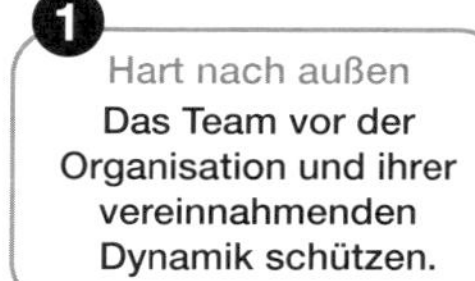

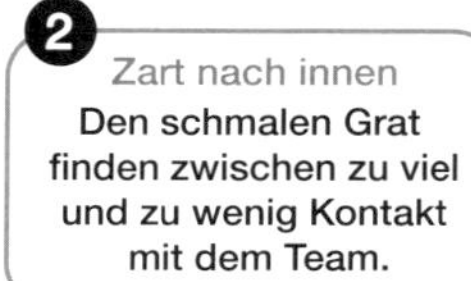

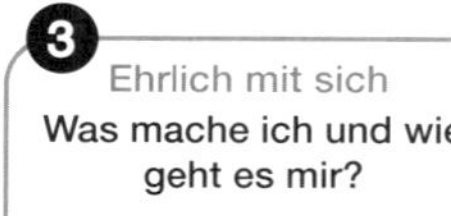

Hart nach außen: das Team vor der Organisation und ihrer vereinnahmenden Dynamik schützen

Insbesondere wenn die umgebende Organisation stark hierarchisch geprägt ist, brauchen selbstorganisierte Teams Personen, Leitungsrollen oder Fürsprecher:innen mit Hausmacht und den Jobtiteln, die notwendig sind, um Einfluss zu nehmen. Die befragten Führungskräfte sind alle damit beschäftigt, die Grenze zwischen den Teams in der Selbstorganisation und der Hierarchie in den anderen Bereichen der Mutterorganisation zu gestalten. Vier Funktionen lassen sich dabei unterscheiden.

[3] Vorarbeiten dazu bei Säger, 2020.

Funktion 1: Den Raum halten

Hier geht es zum einen darum, den Freiraum der Teams zu schützen, nach außen zu vertreten und Gefahr abzuwenden. Selbstorganisation produziert immer Widersprüche zur Mutterorganisation. Das hat zur Folge, dass selbstorganisierte Teams oder Geschäftsbereiche, die in eine hierarchische Organisation eingebunden sind, mindestens latent den Druck erleben, sich der hierarchischen Logik wieder anzunähern. Die Teams selbst haben nicht die Zeit, nicht die Kraft und oft auch nicht die organisationsinterne Macht, um sich hinreichend selbst zu schützen. Selbstorganisation abzusichern ist deshalb eine andauernde Aufgabe der Führungskraft an der Schnittstelle zur Hierarchie. Das berichteten uns alle Führungskräfte.

Paradoxerweise wächst die Gefahr der Wiedereinverleibung durch die Mutterorganisation mit dem Erfolg der Teams. Aus mehreren Organisationen wurde uns berichtet, dass auch der sichtbare Erfolg der Teams dazu beigetragen habe, Selbstorganisation breiter zu etablieren – aber nun in festen Methoden und Formaten, die auch den bestehenden Teams übergestülpt werden (sollen). Was in und von den Teams entwickelt wurde, sollte nun, weil das Prinzip erfolgreich war, von oben gestoppt und durch etwas Neues ersetzt werden.

> *„Die IT überlegt jetzt, wie sie eine Ablauforganisation jenseits der alten Linienorganisation entwickeln kann. Die Kollegen hatten die Idee, ein Scaled Agile Framework einzuführen. Und dann kommen die zu mir und sagen: ‚Ich brauche von dir die und die Rolle, und so macht ihr das jetzt auch.‘ Das ist der Zeitpunkt, wo es wichtig wird, dass jemand sagt: ‚Nein. Aber ich habe da eine Idee. Schaut doch mal bei uns.‘“*

Den Raum zu halten ist eine dauerhafte Aufgabe. Führungskräfte aller vier Konzerne und auch die Mitglieder unserer Follow-up-Workshops bekräftigten ihre Erfahrung, dass die Selbstorganisation infrage gestellt wird, sobald die beständige und wachsame Anstrengung nachlässt, den Raum zu halten. Dann steigt das Risiko für die Teams, Strukturen und formale Anforderungen übergestülpt zu bekommen.

Funktion 2: Die feindliche Übernahme verhindern

Das Vertrauen, das die Führungskräfte ihren Teams entgegenbringen, kann die Mutterorganisation misstrauisch machen und Kontrollimpulse auslösen. Selbstorganisation ist ein fragiles System, und regulierende Vorgaben können die Regeln und Arbeitsweisen ersticken, die ein Team mühsam entwickelt hat. Hier ist die Aufmerksamkeit der Führungskräfte gefragt, entschieden für die Besonderheiten der neuen Arbeitsweise einzutreten, sie transparent zu machen und dafür zu werben, Raum zum Entwickeln und Ausprobieren zu lassen. Das kann auch bedeuten, nach außen für Fehler der Teammitglieder geradezustehen. Des Weiteren gehört dazu, die Teammitglieder verlässlich über das zu informieren, was in der umgebenden Organisation passiert, damit sie vorbereitet und nicht überrascht sind und die Gründe eventueller Veränderungen verstehen.

„Klare Kommunikation und Präsenz. Die Leute müssen wissen, wenn sich in der Organisation etwas ändert und welche Schnittstellen unter Umständen neu sind."

Funktion 3: Mit Nichtwissen umgehen

„Heute weiß ich nicht mehr so viel wie früher. Früher war ich in allen Themen detailliert informiert. Das hat sich geändert. Heute sitze ich in Meetings in der Mutterorganisation und weiß Dinge nicht. Und das vertrete ich auch so."

Nicht mehr alles zu wissen, das war und ist für die Führungskräfte, mit denen wir gesprochen haben, neu und durchaus herausfordernd. So kommt es regelmäßig vor, dass Führungskräfte selbstorganisierter Teams in Gremien der Muttergesellschaft sitzen, in denen etwas entschieden werden soll. Alle einigen sich auf die neue Marschroute, aber unsere Führungskraft muss sagen: „Sorry, das kann ich nicht entscheiden oder vorgeben, das entscheidet das Team.

Ich werde es so weitergeben und vorschlagen." Da werden unsere Führungskräfte schon erstaunt oder mitleidig angeschaut. Die Herausforderung an dieser Stelle ist, diese Rolle als eine selbst gewählte Rolle der Stärke zu erleben – im Sinne von: „Ich entscheide das jetzt nicht, weil ich ein Team leite, das solche Entscheidungen sehr gut allein treffen kann und trifft" und nicht als Machtlosigkeit im Sinne von: „Ich kann das nicht mehr entscheiden."

Die Führungskräfte der von uns untersuchten Organisationen wissen nicht alles, was die Teams tun, priorisieren und entscheiden. Das müssen sie auch nicht. Viele Entscheidungen, die ihre Kolleg:innen in vergleichbaren Positionen in der Mutterorganisation selbstverständlich treffen, übernehmen unsere Führungskräfte nicht mehr. Es ist ja das erklärte Ziel, dass niemand mehr auf Entscheidungen aus irgendwelchen Gremien warten muss und innehält, obwohl er oder sie sehen kann, was jetzt zu tun wäre. An die Stelle des Entscheidens tritt immer häufiger die Rolle des Vermittelns: Informationen zwischen den beiden Organisationslogiken und Organisationsbereichen hin- und herzutragen und in der Mutterorganisation Verständnis, Vertrauen und Unterstützung für das Tun der Teams aufzubauen.

> *„Selbstorganisation wurde eingeführt, damit man schneller und flexibler wird und der Führungskreis kein Bottleneck mehr ist. Das waren wir viel zu oft. Nun ist man schneller und flexibler, und dann weiß die Führungskraft eben auch nicht mehr alles – das ist eine große Herausforderung an den Schnittstellen nach außen."*

Funktion 4: Eigene Mitarbeiter:innen in ihrer Außenwirkung unterstützen

Wenn die Mitarbeiter:innen im Team viele Entscheidungen treffen und die Führungskraft nicht mehr alles weiß und entscheidet, wie sie und die Organisation es gewöhnt waren, heißt das im Umkehrschluss, die Mitarbeiter:innen müssen auch in der Mutterorganisation Aufgaben übernehmen, wenn ihr Wissen gebraucht wird. Es gibt Gremien und Diskussionsrunden, in denen nun einzelne Teammitglieder gefragt sind, um beispielsweise Wissen und Erfahrungen zu teilen oder Entscheidungen vorzubereiten oder zu treffen. Hier sind die Führungskräfte gefragt. Häufig sind sie gefordert, die Mitarbeiter:innen zu unterstützen, sie zum Beispiel zu Terminen einzuladen, sie mit dem Herrschaftswissen zu versorgen, wo was besprochen und entschieden wird, oder Autorität zu verleihen, indem sie Mitarbeiter:innen in Gremien begleiten oder offen unterstützen.

Wenn die Mutterorganisation aus ihrer traditionellen Rollenerwartung heraus einem delegierten Teammitglied nicht den notwendigen Einfluss zubilligt, ist die Führung gefragt.

> *„Wenn ein Feedback kommt, dass einer allein als Indianer unter lauter Häuptlingen saß, klar, dann gehe ich beim nächsten Mal mit."*

Zart nach innen: den schmalen Grat finden zwischen zu viel und zu wenig Kontakt mit dem Team

Funktion 1: Klaren Rahmen setzen

In der Selbstorganisation wird die Hierarchie in Teilen außer Kraft gesetzt. Wenn Führungskräfte im Rahmen der Selbstorganisation Macht und Entscheidungsbefugnisse abgeben und den Mitarbeiter:innen neue Rechte einräumen, ist es wichtig, sich daran zu halten. Hilfreich sind hier verbriefte Rechte, schriftliche Vereinbarungen, die gemeinsam – gern auch feierlich – unterschrieben werden. Diese Vereinbarungen bieten den Rahmen, innerhalb dessen beide Seiten einander Erwartungen und Forderungen formulieren können. Auf dieser Grundlage kann die Führungskraft von den Teammitgliedern einfordern, ihren Teil der Steuerung und Entscheidungsfindung zu übernehmen.

Führungskräfte füllen heute vielfältige Rollen aus. Das ist in der Selbstorganisation nicht anders. Und die Handlungsspielräume, die im Rahmen der Selbstorganisation entstehen, sind nicht zwangsläufig etwas völlig Neues. Viele Führungskräfte geben heute Entscheidungen in die Teams. Aber die Teams sind abhängig davon, wie eine Führungskraft dabei vorgeht. In der Selbstorganisation treten verbriefte Rechte und Pflichten an die Stelle der Abhängigkeit von Führung. Über diese Rechte und Pflichten braucht es Klarheit auf beiden Seiten. Das führt zu einer neuen Haltung, einer Kommunikation auf Augenhöhe zwischen Teams und Führung. In vielen Fällen (in drei unserer fünf untersuchten Organisationen) geht damit auch die Möglichkeit einher, einzelne Führungsrollen oder die gesamte Führung zu wählen und abzuwählen.

> An die Stelle des Glücksfalls, eine gute Führungskraft zu haben, die Freiräume lässt, tritt das Recht und die Pflicht der Teammitglieder, sich selbst gut zu organisieren und zu führen.

Einige Führungskräfte, insbesondere des mittleren Managements, haben in diesen verbrieften Teamrechten eine Entmachtung der eigenen Rolle gesehen und waren nicht bereit, diesen Weg mitzugehen. Sie haben die Positionen gewechselt oder die Organisation verlassen. Die, die geblieben sind, berichten uns, dass neue Räume entstehen, in denen Führungskräfte eine Vielfalt an Rollen ausfüllen – als Sparringspartner für gemeinsame Diskussionen und Lösungssuche oder als Expert:innen, wenn sie ihre Ideen, ihr Wissen und ihre Erfahrungen anbieten. Oft sind sie auch in einer begleitenden Coachingfunktion gefragt, spiegeln, was sie erleben, stellen Fragen und begleiten den Prozess der Lösungssuche. All diesen Rollen ist gemeinsam, dass sie als Führung Angebote und Vorschläge machen, über die dann die Teammitglieder entscheiden, ob und was sie von diesen Angeboten nutzen werden. Gleichzeitig sind sie Führungskräfte und werden als Führungskräfte angefragt.

Sich dieser Rollen bewusst zu sein und sie klar zu kommunizieren, ist eine große Herausforderung an die Führung. Sie ist notwendig, um keine falschen Erwartungen zu wecken. Die Führungskräfte, mit denen wir gesprochen haben, sind sich dessen bewusst.

> *„Da sagt man dann schon klar, warum man gerade da ist und in welcher Funktion. Und das klappt glücklicherweise ganz gut."*

„Wichtig ist, dass man jetzt nicht denkt, weil das Team mich gewählt hat, habe ich hier jetzt die Leitung für das Team. Das muss man aus meiner Sicht klar trennen."

Sich Klarheit darüber zu schaffen, welche Rollen man hat und in welcher man wann agiert, ist für die Führungskräfte auch zur eigenen Entlastung wichtig.

Funktion 2: Erwartung nach Führung und Entscheidung zurückweisen

Führung entlastet. Nicht geführt zu werden macht Arbeit. Das merken früher oder später auch die Teams. Die Teams können daher versucht sein, das eine oder andere Arbeitspaket, insbesondere schwierige Entscheidungen, an die Führungskraft zurückzugeben. Hier muss die Führungskraft klar bleiben und entsprechende Botschaften senden:

„Genau die Frage habe ich schon oft gestellt: ‚In welcher Rolle fragst du mich das jetzt? Als Chef? Diese Rolle gibt es nicht.'"

Selbststeuerung lässt sich erfolgreich verhindern, wenn Führungskräfte den Teams Entscheidungen immer dann abnehmen, wenn sie darum gebeten werden. Hier ist Klarheit wichtig, damit die Teams nicht in alte Muster verfallen, sondern die Verantwortung übernehmen, auch bei komplexen Fragenstellungen entscheidungsfähig zu werden und die dafür erforderlichen Kommunikationsmuster zu entwickeln.

„Oder auch kritische Budgetentscheidungen, die dann in der Abwägung eine Pari-Situation erzeugt haben. Da wollte keiner den ‚Schwarzen Peter' ziehen und sagen: ‚Ich treffe jetzt eine Entscheidung, die für jemanden im Team oder auf gleicher Ebene unangenehm ist.' Da fragen sie dann mich, und ich war da der Strohhalm. Und da habe ich mich aber konsequent herausgezogen."

Die Führungskräfte berichteten uns von vielen Situationen, in denen sie gebeten wurden, zu entscheiden oder einen

Vorschlag zu machen, obwohl die Teams über das relevante Wissen für diese Entscheidungen selbst verfügten. Es fehlte nicht an Erfahrungen und inhaltlichem Wissen, sondern an Methoden, diese Entscheidungen zu treffen. Das ist manchmal gar nicht so leicht zu erkennen, zumal die Führungskräfte, mit denen wir gesprochen haben, durchaus eine Meinung zu den Themen haben und gern entscheiden. Und dennoch ist es wichtig, zunächst methodische Unterstützung anzubieten. Denn es bleibt in der Verantwortung der Führungskraft, dafür zu sorgen, dass die Teams in der Lage sind zu entscheiden.

> *„Also, ich sage jetzt auch an vielen Stellen: ‚Was wollt ihr hier bei mir? Sorry, aber wir sind schon über den Punkt. Das müsst ihr jetzt selber machen.' Also, das haben wir eigentlich alle paar Wochen. Und wenn ich die Entscheidung nicht unterstütze, dann unterstütze ich wenigstens das Team so weit, dass sie wieder wissen, wie sie es selbst entscheiden."*

Funktion 3: Verantwortung für das Team und die Einzelnen nicht aufgeben

Gute Führung ist keine leichte Aufgabe, und sich als Team selbst zu führen, macht es nicht leichter. Führungskräfte können dazu beitragen, Überforderung zu vermeiden, indem sie das Team im Blick behalten und insbesondere auf Dreierlei achten:

1. Ist das Team arbeitsfähig und erledigt verlässlich, was es erledigen muss?
2. Sind die Teammitglieder integriert und nicht über- oder unterfordert?
3. Sind das Team und seine Mitglieder orientiert, was zu tun ist, und sind sie in der Lage, sich zu melden, wenn sie Unterstützung brauchen?

So waren wir zu Beginn unserer Gespräche überrascht, dass Personalentscheidungen und fachliche Kritikgespräche in fast allen Teams an die Führung delegiert wurden. Die Teams sprechen mit, aber kritische Personalentscheidungen treffen sie nicht. Im Laufe der Gespräche wurde uns klar, dass hier die Grenze verläuft, was sich die Teams zutrauen und zumuten können. Personal- und Gehaltsfragen gehören nicht dazu. Diese Fragen haben die Führungskräfte übernommen.

Es ist eine kluge Entscheidung, Themen an die Führung zu delegieren, die das Team gefährden oder aber so viel Zeit beanspruchen, dass die eigentlichen Teamaufgaben in Gefahr geraten.

Konflikte werden ebenfalls häufig an die Führung herangetragen. Hier gibt es großen Bedarf der Teams, durch die Führung entlastet zu werden. Sie wünschen sich Unterstützung bei der inhaltlichen Klärung der Konflikte. Die Führungskräfte sehen ihre Aufgabe eher darin, die Klärungskompetenz zu stärken, wie folgende Beispiele zeigen:

„Dann kommt einer auf mich zu und sagt: ‚Ich kann das irgendwie nicht mit dem besprechen.‘ Dann kommt es darauf an, in welcher Rolle ich da bin. Aber es geht klar um die Frage, warum geht es nicht, es direkt anzusprechen? Dann motiviere ich, die Möglichkeiten zu nutzen, die wir haben, zum Beispiel Coaching zu nutzen. Bei uns gibt es verschiedene Angebote für Konfliktfälle. Ich gebe auch mal eine Empfehlung: ‚Sprich doch noch einmal mit dem und dem.‘ Mein Ziel ist, in dem Moment zu sagen: ‚Es muss auf jeden Fall auf den Tisch. Wir werden nicht versuchen, noch ein halbes Jahr drum herumzureden.‘ Und wenn sich die Person gar nicht vorstellen kann, es anzusprechen, geht es mir darum, nicht loszulassen. ‚Okay, wie machen wir weiter? Welche Möglichkeit siehst du, das Problem zu lösen?‘“

„Aus Konflikten können sich unternehmerische Schwierigkeiten entwickeln. Dann mahne ich die Klärung deutlich an. Denn privat gibt es schon die eine oder den anderen, die sich nicht mehr verstehen. Aber sobald das unternehmerische Auswirkungen hat, würde ich den Beteiligten sagen, dass sie nicht darum herumkommen, in die Klärung zu gehen. Sie können sich jeglichen Support holen,

> *und vielleicht gibt es dann noch einmal eine Runde. Aber irgendwann wird es klar und vehement von meiner Seite."*

Eine andere Führungskraft formulierte es so: *„Schaue, was du brauchst. Und finde einen Weg. Aber sprich es an."*

In den Konflikten und bei komplexen Entscheidungen ist es wichtig, dass die unternehmerische Perspektive den Platz bekommt, den sie braucht. Eine Führungskraft berichtet, dass sie für Diskussionen einen „Stuhl der Unternehmensperspektive" eingeführt haben, sodass neben den Perspektiven der Einzelnen mindestens ein:e Teilnehmer:in ganz speziell die unternehmerische Perspektive vertritt.

Führungskräfte in der Selbstorganisation müssen die Teams im Blick behalten. So können die Führungskräfte entweder leitend eingreifen oder Hilfe zur Selbsthilfe leisten, wenn die Arbeit oder die Arbeitsfähigkeit ins Wanken geraten. Selbstorganisation eignet sich nicht für eine Laissez-faire-Führungshaltung. Die Führungskraft, die ein Team begleitet, ist herausgefordert, sowohl das Team als Ganzes als auch jeden Einzelnen im Auge zu behalten, um bei Bedarf auf Teamebene oder Personenebene zu unterstützen oder anders einzugreifen.

Neben der Teamdynamik kann Führung auch im Hinblick auf die Einzelnen einen wichtigen, unterstützenden Beitrag leisten.

In der Selbstorganisation sucht sich jeder seinen Platz. Es wird viel geredet und verhandelt. Wer gesehen wird, hat es leichter als jene, die im Hintergrund wirken. Wer sich viel zutraut, kann sich gut positionieren. Die Anforderungen an die soziale und kommunikative Kompetenz sind, wie im Kapitel 5 dargestellt, groß. Hier sind die Führungskräfte gefragt, zu unterstützen und Unterschiede auszugleichen, damit die Lauten und die Zurückhaltenden im Rahmen ihrer Kompetenzen wirksam werden. Da kann es beispielsweise um die persönliche Entwicklung gehen.

> *„Es gibt hier fantastische Geschichten von einzelnen Leuten, die sich total verändert haben. Da hinten sitzt einer, der ist jetzt Ende 50. Er kam irgendwann zu mir und sagte:*

‚Ich muss jetzt seit 15 Jahren diesen Job machen. Aber eigentlich will ich Software entwickeln. Das habe ich vor 30 Jahren mal gemacht und bin jetzt so lange raus.' Und dann habe ich gesagt: ‚Dann mach doch.' Das hat dann schon eine Weile gebraucht, da wieder reinzukommen. Aber jetzt entwickelt er mit Ende 50 Software, wo der Arbeitgeber doch immer gesagt hat, für die Software brauchen wir junge Leute. Dabei sieht man, es hat nichts mit dem Alter zu tun."

Dieses Beispiel zeigt, dass Führungskräfte gefragt sind, zu ermuntern und Räume zu schaffen, die Mitarbeiter:innen für sich nutzen können. Das heißt aber auch einzugreifen, wenn jemand zu viel arbeitet, abends gar nicht nach Hause geht oder seinen Platz nicht findet. Da braucht es eine Führung, die aktiv nachfragt.

„In diesen Fällen ist es wichtig, dass jemand auf die einzelnen Personen zugeht".

> Um zu verhindern, dass Selbstorganisation eine Insel der Selbstbewussten und sozial Kompetenten ist, kommt der Bereitschaft der Führungskräfte, die Einzelnen im Blick zu behalten und sich einzumischen, eine zentrale Rolle zu.

Funktion 4: Aushalten – durchhalten

Manchmal drehen sich die Teams im Kreis. Manchmal kommen sie immer wieder mit der gleichen Frage, und die Führungskraft wiederholt: „Hey, das ist jetzt euer Job, das könnt ihr selbst entscheiden." Manchmal treffen die Teams wiederum Entscheidungen, die die Führung nicht überzeugt – und einzugreifen wäre einfach. Dann sind Geduld und ein langer Atem gefragt. Denn Veränderungsprozesse – ob auf organisationaler oder auf individueller Ebene – brauchen Zeit und verlaufen selten geradlinig. Gleichzeitig sind Führungskräfte selbst in aller Regel zielorientiert und schnell. Da kann das Loslassen zu einer echten Herausforderung werden.

Manchmal läuft es anders, als man es sich vorgestellt hat. Das gehört dazu, wenn andere entscheiden. Theorie und Praxis sind dann gern einmal zwei Paar Schuhe:

> *„Es ist mir wirklich ein Dorn im Auge, wie die Unterkreise hier geschnitten werden. Das ist das Gegenteil von dem, was ich machen würde …*
>
> *Es fällt mir wahnsinnig schwer, dies auszuhalten. Und ich hoffe immer, dass über Gespräche die Erkenntnis entsteht, es anders zu machen."*

Nicht alles selbst erfinden zu müssen, sondern sich vom Team anregen zu lassen und die Expertise der Experten anzuerkennen, ist für viele Führungskräfte eine neue Situation, die gelernt werden muss.

> *„Ich will niemanden mit einer Pflanze vergleichen. Aber als Symbol passt sie: Wenn man Raum und Licht gibt, passiert halt etwas, was in der früheren Art zu arbeiten unter dem Deckel blieb."*

Sich zurückzunehmen, eigene Ideen nicht oder nur sehr vorsichtig einzubringen, ist für Führungskräfte häufig neu. Die Gespräche mit den Führungskräften haben aber auch deutlich gemacht, dass sie daran Gefallen finden können. Loszulassen und offen abzuwarten, was kommt, schafft Platz, um anderes zu tun.

> *„Klare Ansagen wie ‚Mach du das bitte' mache ich gar nicht mehr. Jetzt sage ich eher: ‚Ich habe da ein Thema xy. Wer hat Lust drauf/kann es machen?' Wenn keiner zieht, muss ich es zur Not selber machen. Oder es besser erklären. Oder es wird nicht gemacht."*
>
> *„Ich gewinne auch jedes Mal an Vertrauen, dass es schon läuft."*

Unsere Teams urteilten zum Teil harsch über ihre Führung, wenn die ihnen mehr Eigenverantwortung zuwies, als ihnen recht war. Doch manchmal geht es darum, die Erwartungen des Teams nach Führung zu frustrieren und eine gewünschte Entscheidung nicht zu treffen. Diese Spannung auszuhalten ist eine zentrale Führungsaufgabe in der Selbstorganisation.

Ehrlich mit sich: Was mache ich und wie geht es mir?

Die vorangegangenen Beispiele haben verdeutlicht: Führung in der Selbstorganisation verlangt von Führungskräften, neue Wege zu gehen. Und es verlangt, auf Macht zu verzichten und Einfluss abzugeben. Doch alte Muster abzulegen und neues Verhalten zu lernen, ist nicht einfach. Insbesondere, wenn man bis dahin erfolgreich war und wenn ein klares Skript, wie Verhalten in Zukunft sein soll, fehlt. Die Führungskräfte, mit denen wir gesprochen haben, waren sich dieser Herausforderung bewusst. Sie konnten gut beschreiben, wie sie mit Versuch und Irrtum, in Auseinandersetzung mit den Teams und durch Selbstreflexion ihr neues Führungsverhalten entwickelt haben. Drei Herausforderungen tauchten immer wieder auf.

Herausforderung 1: Macht abgeben – was heißt das für mich?

Führung in der Selbstorganisation bedeutet, Macht ans Team abzugeben. Macht, die man vorher hatte und nun nicht mehr hat. Das fühlt sich im ersten Schritt nicht unbedingt positiv an. Denn alle unsere Gesprächspartner:innen haben in hierarchischen Organisationen ihre Führungskarriere begonnen und gelernt, dass Karriere zu machen Machtzuwachs bedeutet. Doch plötzlich entscheiden sie sich für New Work (oder finden sich in New Work wieder) und damit für eine Führung, die Macht abgibt. Das war insbesondere für das mittlere Management eine große Herausforderung, das den Schritt in die Selbstorganisation nicht unbedingt selbst gegangen wäre.

Am Machtverzicht schieden sich die Geister. Die großen Konzerne berichteten alle, dass sie Führungskräfte des mittleren Managements auf dem Weg in die Selbstorganisation verloren haben. Ausschlaggebend dafür war häufig die

Dezentralisierung von Macht und Entscheidungen. Führen und dabei nicht zu entscheiden, das ist erst einmal befremdlich und kann durchaus mit einem Gefühl von Bedeutungsverlust einhergehen. Einige Führungskräfte wollten diesen Weg nicht mitgehen. Doch auch die Führungskräfte, die sich bewusst für diesen Weg entscheiden, müssen sich mit der Frage auseinandersetzten, was es bedeutet, mit weniger Macht und ohne inhaltliche Entscheidungsbefugnis zu führen. Heute sagen viele Führungskräfte aus dem früheren mittleren Management, dass es für sie kein Verlust ist, sondern neue attraktive Seiten habe. Sie sagen auch, dass sie diese Rolle erst finden mussten und dass es ein bewusster Schritt war. Der Erfolg der Teams macht es dann irgendwann leichter. Aber die Führung muss den Start machen. Paradoxerweise erleben die Führungskräfte, dass sie näher an die Themen und an die Menschen herankommen, wenn sie Macht loslassen. Das hat entscheidende Auswirkungen:

- Es ist ehrlicher: *„Es wurde von Führungskräften immer erwartet, Antworten zu haben. Aber die gab es oft nicht."*
- Es ist attraktiver: *„Ich will gar nicht allein über die Entwicklung dieser Organisation(-seinheit) bestimmen. Ich will das Commitment haben."*
- Der König wird zum Königsmacher: *„Ich würde gern der überflüssigste Manager und der beste Leadermacher der Organisation werden. Ich sehe hier tolle Leute, die sich genial entwickeln, jung und alt. Das macht mir Spaß."*
- Wer mehr reden muss, erfährt auch mehr: *„Ich habe hier Dinge von Leuten erfahren, das ist richtig cool. … Das wäre sonst nicht rausgekommen, weil das in der Hierarchie einfach nicht der Plan ist, solche Gespräche zu führen.*

Herausforderung 2: Abschied nehmen von Kontrolle und dem eigenen Perfektionismus

Loslassen, auch von der Idee, wie es gehen soll, ist eine große Herausforderung. In der Selbstorganisation passieren Dinge, die man selbst nicht so entschieden, nicht so gemacht und nicht so erwartet hätte. Das fordert eine hohe Ambiguitätstoleranz, also eine hohe Bereitschaft, Unsicherheit auszuhalten.

Aus der psychologischen Forschung: Ambiguitätstoleranz

Ambiguitätstoleranz bezieht sich auf die Frage, wie Menschen Mehrdeutigkeit erleben und wie sie damit umgehen. Manche Menschen suchen Mehrdeutigkeit. Sie sind zufriedener, wenn nicht alles klar und eindeutig ist, und genießen es, wenn Raum für Überraschungen und Unerwartetes gegeben ist. Diese Menschen haben eine hohe Ambiguitätstoleranz. Andere hingegen fühlen sich erst dann wohl und sicher, wenn die Dinge klar, eindeutig und vorhersehbar sind. Sie streben einen Zustand an, in dem Entscheidungen und Ergebnisse eindeutig sind und gut zu dem passen, was sie erwartet haben. Sie genießen die Harmonie im Kopf, die entsteht, wenn alles so verläuft wie erwartet. In diesem Fall sprechen wir von geringer Ambiguitätstoleranz. Die begünstigt die Entstehung von Vorurteilen und Stereotypen, da diese mit relativ klaren und homogenen Erwartungen einhergehen. Perfektionismus ist eine weitere Strategie, Ambiguität zu reduzieren, indem man alle Eventualitäten auszuschließen versucht. Daher spricht Perfektionismus ebenfalls für eine geringe Ambiguitätstoleranz.

Ambiguitätstoleranz ist kein Entweder-oder, sondern ein Kontinuum. Wir alle verfügen über eine gewisse Ambiguitätstoleranz, die individuell stärker oder schwächer ausgeprägt ist. Wir alle brauchen ein gewisses Maß an Vorhersehbarkeit und Klarheit. Wo genau diese Grenze verläuft, ab wann uns also Mehrdeutigkeit zu viel wird und sie Angst oder Stress auslöst, das ist sehr verschieden. Auch handelt es sich nicht um eine stabile Persönlichkeitseigenschaft. Ambiguitätstoleranz kann in beruflichen Kontexten anders ausgeprägt sein als im privaten Bereich, unterschiedlich auch in verschiedenen Lebensabschnitten.

Grundsätzlich lässt sich sagen, dass für Mitarbeiter:innen und Führungskräfte in der Selbstorganisation, für Unternehmer:innen, für Gründer:innen und für Berater:innen eine hohe Ambiguitätstoleranz ein entscheidender Erfolgsfaktor sein kann.

Im Gegensatz dazu ist Perfektionismus geeignet, unzufrieden zu machen und in die Überforderung zu führen. Macht und Entscheidung an ein Team abzugeben heißt eben auch, Kontrolle abzugeben. Das Team bekommt Handlungsspielraum, eigene Richtungen einzuschlagen. Es ist nicht Teamaufgabe, den Weg zu erraten, den die Führungskraft gegangen wäre.

Unsere Führungskräfte stehen vor der Herausforderung, wie sie mit Lösungen umgehen, die nicht ihrem Bild der perfekten Lösung entsprechen, und haben für sich unterschiedliche Wege gefunden, damit umzugehen.

> Die Herausforderung besteht darin, zu akzeptieren, dass Dinge passieren, die man sich anders vorgestellt hat, ohne die Verantwortung für das Team aufzugeben.

In der Selbstorganisation müssen Führungskräfte akzeptieren, dass Dinge passieren, die sie sich anders vorgestellt haben. Man kann nur dann in der Selbstorganisation führen, wenn man bereit ist, Wege zu unterstützen, die man selbst anders gegangen wäre. Verantwortung abzugeben heißt, Unterschiede zuzulassen und Lösungen zu akzeptieren, die aus der eigenen Sicht nicht perfekt sind. Gleichzeitig sind die Führungskräfte gefordert, nah am Team zu bleiben und die eigenen Ziele nicht aufzugeben. Die Führungskräfte, mit denen wir gesprochen haben, schwanken immer wieder zwischen Zurückhalten und Einmischen. Sie üben sich darin auszuhalten, was sie nicht sofort überzeugt, und offen für das zu sein, was folgt. Gleichzeitig sehen sie für sich auch die Rolle, einzugreifen und die eigene Irritation oder Risikowahrnehmung anzusprechen, wenn sie es für notwendig halten. Als Person da zu sein – das gilt für die Führungskräfte ebenso wie für die Teams. Und das heißt auch, innere Unruhe, Spannungen, Kritik an bestimmten Lösungsansätzen oder Formen der Zusammenarbeit anzusprechen. Es geht ja keinesfalls darum, nichts mehr zu sagen, sondern es geht um eine neue Haltung, wie die Dinge angesprochen werden. Das kann bedeuten, dass sie ihre Sicht und Bedenken als Beobachtung oder Feedback ins Team geben und abwarten, was das Team daraus macht.

Vereinbarungen, Rollenbeschreibungen, eine Holacracy-Verfassung und Ähnliches regeln, ob und ab wann es für die Führung ein Vetorecht oder die Pflicht gibt, in Entwicklungen einzugreifen. Für die Führungskräfte, mit denen wir gesprochen haben, ist es dann der Fall, wenn das Ziel oder der Purpose der Organisation oder des Teams in Gefahr geraten. Einen besseren Weg zu sehen, eigene Ideen für besser, effizienter, leichter zu halten, sind keine hinreichenden Gründe.

Herausforderung 3: Selbstreflexion und Feedback

Unsere Führungskräfte konnten sehr differenziert über ihre Aufgabe und die damit verbundenen Widersprüche Auskunft geben. Ähnlich, wie wir es bei den Teams beobachtet haben, war auch bei den Führungskräften deutlich, dass es eine vertraute Übung ist, das eigene Verhalten zu reflektieren. Sie denken über die Fragen nach, wie sie führen und führen wollen und wie sie mit bestimmten Herausforderungen umgehen können. Viele unserer Fragen waren ihnen vertraut und sie hatten diese schon mit Kolleg:innen reflektiert und von Teams und Mitarbeiter:innen dazu Feedback erhalten. Sie sind sich bewusst, dass sie eine neue Haltung zu Führung und neue Handlungsoptionen entwickeln müssen und gehen das bewusst an. Sie fordern aktiv offenes Feedback von den Mitarbeiter:innen ein, sie reflektieren ihr Verhalten – allein, kollegial und im Austausch mit anderen Organisationen (bspw. innerhalb Konzernaustausch Selbstorganisation, KASO). Und sie lesen und suchen aktiv und bewusst nach Modellen. Führungstheorien und Literatur zur Selbstorganisation sind sehr präsent. So bezogen sich viele unserer Gesprächspartner:innen direkt auf Frederic Laloux[4] und die Organisationen, die er in seiner Feldstudie beobachtet hat.

[4] Laloux, 2014.

Kapitel 7: Auf dem Weg zum Erfolg – Teams in der Selbstorganisation initiieren, entwickeln und beraten

Wir haben uns bis hierher mit der Theorie der Teamarbeit und der Praxis erfolgreicher Teams in der Selbstorganisation beschäftigt.

Zwei Dinge sind dabei klar geworden:

1. Eine für alle sich selbst organisierenden Teams gültige Blaupause gibt es nicht. Schaut man auf die Teams, die erfolgreich ihren Weg der Selbstorganisation gehen, findet man große Unterschiede. Diese beziehen sich sowohl auf die Rahmenbedingungen, unter denen die Teams arbeiten, als auch auf die konkrete Praxis ihrer Selbstorganisation.
2. Zugleich gibt es – bei aller Unterschiedlichkeit – zentrale Aufgaben, die sich allen Teams stellen, und wiederkehrende Muster, wie sie diesen Herausforderungen begegnen.

Was bedeuten diese Ergebnisse für diejenigen, die in selbstorganisierten Teams arbeiten, die selbstorganisierte Teams initiieren, beraten, entwickeln oder führen?[1]

Für die Entwicklung selbstorganisierter Teams gilt, was wir im Kapitel 5 zur Führung in der Selbstorganisation festgestellt haben. Es gibt nicht die eine Lösung. Die gemeinsame Aufgabe aller Beteiligten besteht darin, Bedingungen zu schaffen, unter denen Teams den für sie passenden Weg

[1] Es gibt viele Rollen, aus denen heraus man in, mit und für Teams in der Selbstorganisation arbeiten kann. Führungskräfte führen, Berater:innen beraten, Entwickler:innen entwickeln, interne Stabstellen initiieren etc. Wir werden in diesem Kapitel (ganz im Sinne der Selbstorganisation) zusammenfassend die Teamperspektive einnehmen. Und davon sprechen, wie Teams sich untersuchen und entwickeln können. Mit den gleichen Methoden, Fragen, der gleichen Haltung kann man auch als Berater:in oder Teamentwickler:in mit den Teams arbeiten. In Gründungsphasen, Krisen und Konfliktfällen kann es sehr sinnvoll sein, externe Berater:innen hinzuzuziehen.

entwickeln können, um Ziele zu formulieren, sich zu organisieren und erfolgreich arbeiten zu können.

In diesem Kapitel machen wir einige Vorschläge, wie das gelingen kann.

7.1 Sich selbst organisierende Teams in einer Organisation initiieren

Eines der zentralen Ergebnisse dieses Buches lädt ein, aktiv zu werden: Man kann mit der Selbstorganisation an vielen Stellen in der Organisation starten, auf ganz verschiedene Weise und mit sehr unterschiedlichen Gestaltungsspielräumen. Das fanden viele Führungskräfte, denen wir unsere Ergebnisse vorstellten, sehr ermutigend. Man kann dort starten, wo man steht, und in einem zweiten oder späteren Schritt, wenn erste Erfolge vorliegen, mit der Unternehmensleitung darüber ins Gespräch kommen.

Es gibt einiges zu beachten, um Teams einen erfolgreichen Weg in die Selbstorganisation zu erleichtern:

- Es empfiehlt sich, zu Beginn viel Unterschiedliches nebeneinander zu ermöglichen – Betroffene und Interessierte so früh wie möglich einzubinden und gleichzeitig dort, wo Selbstorganisation auf Ablehnung stößt, die alte hierarchische oder individualisierte Orientierung weiter zu ermöglichen.
- Die Teams brauchen Schutz, um anzufangen, auszuprobieren und Fehler zu machen. Es braucht nicht unbedingt Unterstützung, wie die Selbstorganisation aussehen soll, oder klare methodische Vorgaben. Zunächst benötigen die Teams Zeit und Ruhe, um Erfahrungen zu sammeln und auszuwerten. Die Teams in der Anfangszeit nach außen, in Richtung der hierarchischen Organisation abzuschirmen, kann ausreichend sein. Ein solcher „Shit Umbrella" scheint allerdings unverzichtbar.
- Die Teams brauchen methodisches Wissen, jedoch nicht unbedingt Berater:innen. Insbesondere der Beginn scheint ohne externe Beratung gut zu funktionieren. So sind alle eingeladen, Verantwortung zu übernehmen, Expertise zu entwickeln und eigene Erfahrungen und Vorstellungen

einzubringen. Das wird der großen Bandbreite an Lösungen am ehesten gerecht. Praxisbezogene Literatur, die der Inspiration dienen kann, ist in ausreichendem Umfang vorhanden. Erst wenn die Teams an Grenzen stoßen, sich Lösungen nicht optimal entwickeln oder die Selbstorganisation ins Stocken gerät, ist Beratung sinnvoll.

- In der Regel haben die einzelnen Teammitglieder Führungskräfte außerhalb des Teams. Hier empfiehlt es sich, fachliche und personenbezogene Führung zu trennen und so weit möglich – mindestens jedoch für die personenbezogene Führung – die Wahl der eigenen Führungskraft zu ermöglichen.
- Selbstorganisation ist kommunikationsintensiv. Teams brauchen für die unterschiedlichsten Themen jeweils adäquate Besprechungsformate. Das kann verschieden umfangreich sein, mindestens aber benötigen sie Orte für:
  - regelmäßige Absprachen zum Stand der Dinge,
  - Planung der inhaltlichen Arbeit,
  - Gestaltung der Zusammenarbeit,
  - persönliches Kennenlernen und den Blick auf die Einzelnen,
  - Auswertung und Reflexion.
- Zum Start ist es wichtig, viele Entscheidungen von eher kurzer Geltungsdauer zu treffen. Viel zu entscheiden, viel auszuprobieren, gemeinsam auszuwerten, viele unterschiedliche Wege nebeneinander zu ermöglichen, scheint uns die erfolgversprechende Strategie zu sein. Eine Qualifizierung zu Entscheidungen in Gruppen und Teams ist sinnvoll.

Freiheitsgrade der Selbstorganisation dürfen unterschiedlich groß sein

Selbstorganisation kann sich ganz umfassend auf alles beziehen, was es zu tun und zu entscheiden gibt, oder ganz konkret auf die Frage, wer macht es wann. Zu Beginn braucht es dazu Kommunikation zwischen Team und Auftraggeber:in.

Das folgende Modell „Stufen der Selbstorganisation“ dient zur Klärung:

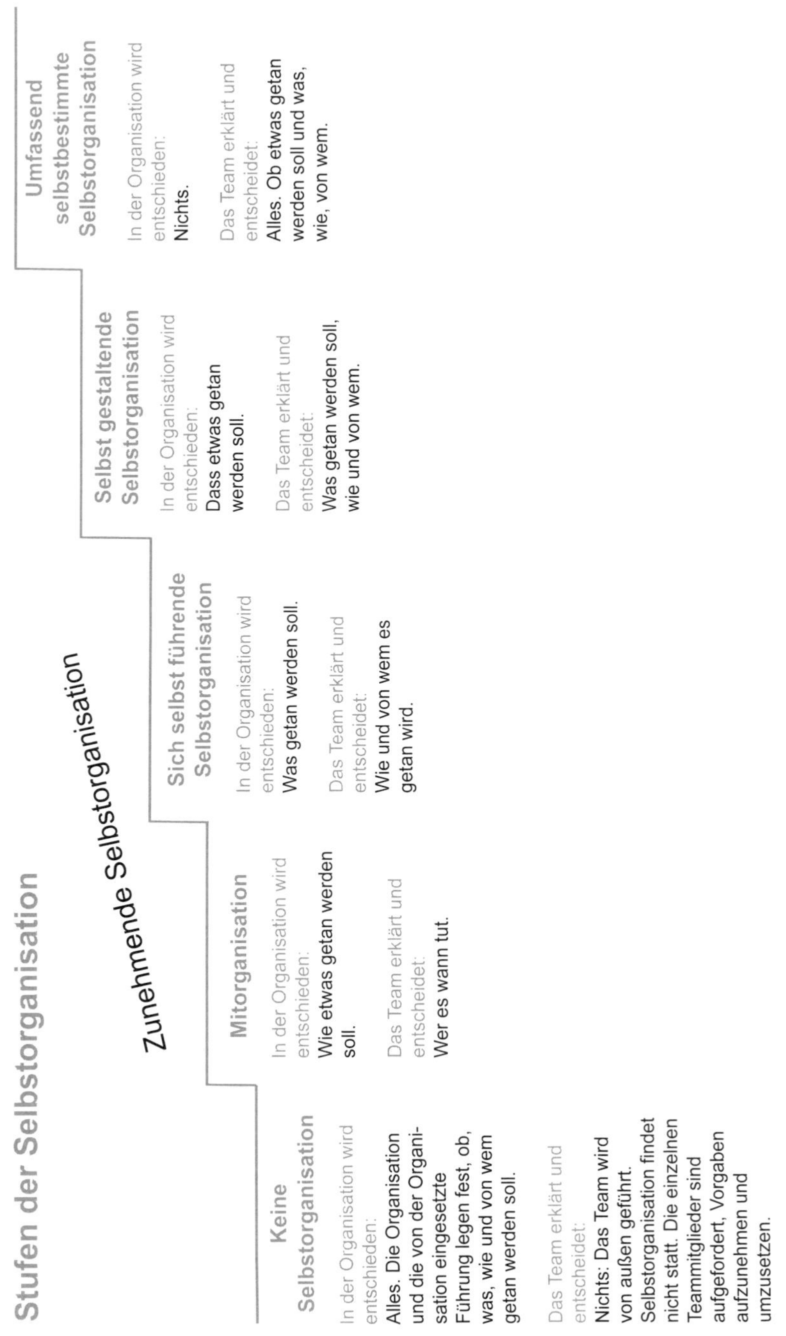

Stufen der Selbstorganisation

Zunehmende Selbstorganisation

Keine Selbstorganisation

In der Organisation wird entschieden:
Alles. Die Organisation und die von der Organisation eingesetzte Führung legen fest, ob, was, wie und von wem getan werden soll.

Das Team erklärt und entscheidet:
Nichts: Das Team wird von außen geführt. Selbstorganisation findet nicht statt. Die einzelnen Teammitglieder sind aufgefordert, Vorgaben aufzunehmen und umzusetzen.

Mitorganisation

In der Organisation wird entschieden:
Wie etwas getan werden soll.

Das Team erklärt und entscheidet:
Wer es wann tut.

Sich selbst führende Selbstorganisation

In der Organisation wird entschieden:
Was getan werden soll.

Das Team erklärt und entscheidet:
Wie und von wem es getan wird.

Selbst gestaltende Selbstorganisation

In der Organisation wird entschieden:
Dass etwas getan werden soll.

Das Team erklärt und entscheidet:
Was getan werden soll, wie und von wem.

Umfassend selbstbestimmte Selbstorganisation

In der Organisation wird entschieden:
Nichts.

Das Team erklärt und entscheidet:
Alles. Ob etwas getan werden soll und was, wie, von wem.

Über diese Stufen können Teams und die Ansprechpartner in der Organisation kontinuierlich im Gespräch und in der Verhandlung bleiben. Doch ein einheitliches Verständnis zu Beginn erleichtert den Start. Im Laufe der Zeit können sich die Gestaltungsräume in der Selbstorganisation verändern.

Rahmenbedingungen können den Zusammenhalt stärken oder gefährden

- Vergleichbare Bezahlungen und Transparenz über die Rahmenbedingungen der Arbeitsverträge sind hilfreich.
- Eine Gehaltsstruktur, die Teamleistungen honorieren kann, stärkt die Teams, individuelle Bonus- und Belohnungssysteme widersprechen der Idee der Selbstorganisation auf Teamebene.
- Verbote, über das Gehalt zu sprechen, funktionieren nicht und widersprechen der Idee von Teamarbeit und Teamleistung.
- Regelmäßige persönliche Treffen, auch bei international verstreuten Teams, und Gelegenheiten, sich persönlich kennenzulernen und Beziehungen weiterzuentwickeln, stärken die Teams.
- Auf Dauer bedarf es Disziplin seitens der Mutterorganisation, auch große Erfolge nicht kontrollieren und festigen zu wollen. Die Mutterorganisation sollte der Versuchung widerstehen, die Teams in dem Moment, in dem die Erfolge sichtbar werden, zurückzuintegrieren – nach dem Motto: Das ist dort erfolgreich, das machen jetzt alle. Denn Selbstorganisation heißt, dass verschiedene Teams unterschiedliche beste Lösungen haben können.

7.2 Als sich selbst organisierendes Team seinen Weg finden – die sechs Teamaufgaben als Analyserahmen

Wer in Teams arbeitet, wer sie von außen führt oder berät, braucht eine innere Landkarte, mit der sie:er das jeweilige soziale System untersuchen und Beobachtungen einordnen kann. Das Teammodell der sechs Aufgaben ist eine solche Landkarte. Unsere Studie hat gezeigt, dass es die eine beste Lösung, diese Teamaufgaben zu bewältigen, nicht gibt. Stattdessen zeigen die Ergebnisse eine Vielzahl unterschiedlicher Umsetzungen in der Praxis. Teams können sich und ihre eigene Praxis mit den Lösungen vergleichen, die die Teams dieser Studie für sich gefunden haben. Dafür halten wir es für nützlich, dem (eigenen) Team gegenüber eine forschende Haltung einzunehmen.

Im Folgenden haben wir für die einzelnen Teamaufgaben Visualisierungsvorschläge und Reflexionsfragen zusammengestellt. Die Vorschläge greifen zum einen unsere Forschungsfragen auf, die wir in Kapitel 2 vorgestellt haben. Darüber hinaus haben wir für einzelne Aufgaben ergänzende Vorschläge zur Visualisierung des Geschehens im Team entwickelt. Diese stellen wir ausführlicher vor. Etwas Bildliches zu produzieren, erleichtert es den Beteiligten, sich zu distanzieren, von außen auf das eigenen Tun zu schauen und unterschiedliche Sichtweisen miteinander zu diskutieren. Die Selbsterforschung und Visualisierung sollen zunächst zu einem gemeinsamen Verständnis der Teamsituation führen. Auf dieser Grundlage können die Beteiligten die Ergebnisse kritisch betrachten. (Ist es sinnvoll, nützlich passend? Was ist zu viel oder zu wenig da?) Wir schlagen einige Reflexionsfragen vor, die Aspekte in den Blick nehmen, die für unsere Teams relevant waren. Am Ende jeder Aufgabe geben wir weiterführende Anregungen für die Praxis.

Ziel der Übungen ist, Teams zu befähigen, den für sie passenden Weg zu finden, zu reflektieren, anzupassen und zu überprüfen – ganz im Sinne des Schleifenmodells der Selbstorganisation aus Kapitel 1 (siehe Seite 18). Dafür ist die folgende kleine Anleitung hilfreich:

- Die sechs Teamaufgaben im Team kurz vorstellen und gemeinsam besprechen.
- Gemeinsam entscheiden, welche Aufgaben für das Team aktuell und relevant sind. Hinweise geben die folgenden Fragen: Wo sind Spannungen spürbar oder Probleme sichtbar? Welche Aufgaben interessieren uns?
- Für den Start eine Aufgabe auswählen.

- Die gemeinsame Reflexion beginnt mit einer Visualisierung. Der Start kann in Einzelarbeit oder Paaren stattfinden: ein oder zwei Personen, jeweils ein Blatt Papier, 15 Minuten Zeit zum Bearbeiten des Visualisierungsvorschlags der ausgewählten Aufgabe.
- Im Anschluss werden die verschiedenen Sichtweisen auf den Tisch gelegt und besprochen. Die Ist-Analysen werden verglichen und Unterschiede und Gemeinsamkeiten besprochen.
- Wenn es keinen dringenden Handlungsbedarf gibt, raten wir nicht dazu, direkt Vereinbarungen oder Aufgaben abzuleiten. In der Regel macht es schon einen großen Unterschied, zu einem gemeinsamen Bild zu kommen, was ist und wie man das findet. Zu einem späteren Zeitpunkt kann es darum gehen, ob und wenn ja welche Konsequenzen daraus zu ziehen sind.

Aufgabe I: Mit der Außengrenze umgehen

Zur Selbsterforschung des Umgangs mit den eigenen Außengrenzen schlagen wir vor:

Schritt 1: Visualisieren

Den Außengrenzen nähert man sich am besten mit unserer fünften Forschungsaufgabe: „Wo fängt das Team an, wo hört es auf – die Außengrenzen“. Werden die Aufgaben in kleinen Untergruppen durchgeführt, kann sich das Team die oftmals unterschiedlichen Darstellungen gemeinsam anschauen. Gemeinsamkeiten und Unterschiede werden sichtbar.

Schritt 2: Gemeinsame Reflexion

- Welchen Spielraum haben wir für die Gestaltung unserer Arbeit? Was ist unklar?
- Nützt es unserer Aufgabe und uns, wenn wir es klären?
- Wie tragen wir zur Klärung offener Fragen bei? Inwiefern tragen wir zu Unklarheit und Verwirrung bei?
- Welche Spannungen gibt es mit anderen Teams? Können wir sie selbst klären oder brauchen wir Unterstützung?

Anregungen für die Praxis

In vielen Büchern über Teamarbeit liest man zu diesem Punkt, dass Teams vor allem Klarheit bräuchten, Klarheit darüber, was erwartet wird, Klarheit über Rahmenbedingungen. Der verbreiteten Forderung nach Klarheit schließen wir uns nicht an. Zum einen zeigen die von uns untersuchten Teams eine große Kompetenz, mit Unklarheit umzugehen, sie immer zu neu zu verhandeln, aber sie auch auszuhalten oder im eigenen Sinne zu nutzen. Zum anderen halten wir den Ruf nach Klarheit und Eindeutigkeit für eine unrealistische und bequeme Forderung. So ist Arbeit nicht und Teamarbeit schon gar nicht. Teamarbeit braucht es vor allem dort, wo Dinge unklar sind, und Teams bringen immer etwas Unordentliches, Spontanes, Menschliches mit sich. Deshalb: Es muss nicht alles klar sein, um zu starten. Fehlende Klarheit sollte nicht als einzige Erklärung für Schwierigkeiten gelten. Häufig ist es sinnvoller, Klärungskompetenz zu entwickeln, als immer wieder Klärung (zum Beispiel an Schnittstellen) zu fordern.

Aufgabe 2: Den Zusammenhalt wahren und für Kontinuität sorgen.

Zur Selbsterforschung von Zusammenhalt und Kontinuität im Team schlagen wir vor:

Schritt 1: Visualisieren

Zur Reflexion des inneren Zusammenhalts eignen sich unsere beiden ersten Forschungsaufgaben: „Ein Bild zum Überblick – die innere Ordnung des Teams" (Aufgabe 1) und „Die Geschichte spielt eine Rolle – die Lebenslinien der Teams" (Aufgabe 2)

Wir empfehlen, dass eine oder zwei Personen, die das Team besonders lange kennen (Vielleicht gibt es noch ein Gründungsmitglied?), Lebenslinien anfertigen und die aus ihrer Sicht wichtigen Höhepunkte, Tiefpunkte und Wendepunkt einzeichnen. Neuere Teammitglieder können gut die innere Ordnung darstellen. Weniger Geschichte mit dem Team ist oft hilfreich, um das Hier und Jetzt zu beschreiben. Für die Visualisierung der inneren Ordnung gilt: Jede Person bekommt ein Kürzel und einen eigenen Kreis. Subgruppen können durch einen Kreis um verschiedene Personen dargestellt werden.

Die Visualisierungen der Lebenslinien sowie der inneren Ordnung können im Team verglichen, besprochen und kommentiert werden.

Schritt 2: Gemeinsame Reflexion

Lebenslinien

- Welche Höhe- und Tiefpunkte haben wir erlebt und bewältigt?
- Was hat zu Krisen, was zu Erfolgen geführt und wie haben wir sie verarbeitet?
- Was konnte das Team auf seinem Weg lernen, was nicht?

Innere Ordnung

- Was macht bei uns das Wir-Gefühl aus?
- Welche Rahmenbedingungen fördern den Zusammenhalt des Teams und welche stellen ihn infrage?
- Welche Untergruppen gibt es? Wie klappt die Zusammenarbeit zwischen ihnen?
- Gibt es einen bestimmenden Kern und eine umgebende Schale?
- Welche Mitglieder sind bisher ausgeschieden? Warum sind sie gegangen? Gibt es ein Muster?

Anregungen für die Praxis

- **Die Frage nach der Teamigkeit:**
  Wie sind wir aufgestellt und was bedeutet das für die Notwendigkeit, als Team gut zu funktionieren?

  In Kapitel 1.5 haben wir das Modell der Teamigkeit von Cornelia Edding und Karl Schattenhofer (siehe Seite 38) vorgestellt, das den Bedarf an Zusammenarbeit im Team in sechs Dimensionen anzeigt. Auf diesen Skalen können die Teammitglieder diskutieren, wo sie sich als Team sehen und wie gut es ihnen gelingt, die Herausforderungen auf den einzelnen Skalen zu meistern. Wo und wie stark sind wir als Team herausgefordert, gemeinsame Lösungen zu finden? Wo brauchen wir keine Zusammenarbeit, weil jede:r allein zurechtkommt? Wir empfehlen, die individuellen Einschätzungen auf den Skalen einzutragen und zu diskutieren.

- **Die zehn Goldenen Teamregeln:**
  Die geheime Teamkultur – was jede:r weiß und niemand sagt – kann besprochen werden, wenn man sich im Team fragt, was man einem guten Freund oder einer guten Freundin mit auf den Weg geben würde: „Stell dir vor, eine gute Freundin beginnt nächsten Monat in diesem Team und du bist nicht da. Du willst sie vorbereiten und schreibst ihr zehn Sätze:
  - Fünf Sätze darüber (fünf goldene Regeln), was sie tun muss, um gut im Team integriert zu sein und gut mitarbeiten zu können.
  - Fünf Sätze darüber (fünf weitere goldene Regeln), was sie tun muss, um in diesem Team mit wenig Einfluss am Rand zu stehen oder rauszufliegen.

Aufgabe 3: Der Zusammenarbeit eine Form geben – Besprechungen und Entscheidungen

Zur Selbsterforschung der entwickelten Zusammenarbeit im eigenen Team schlagen wir vor:

Schritt 1a: Visualisieren der Besprechungen

Unsere Ergebnisse zu den unterschiedlichen Besprechungsbedarfen der Teams bieten einen passenden Rahmen, um die eigenen Besprechungsformate und die eigene Gesprächskultur zu visualisieren. Die folgende Tabelle fasst die Ergebnisse zusammen und bietet sich an, um zu einem gemeinsamen Bild der eigenen Besprechungsbedarfe und der gefundenen Lösungen zu gelangen.

Welche Besprechungen mit welchen Funktionen haben wir? Und welche nicht? Notieren Sie alle offiziell eingeführten Besprechungen und ordnen Sie diese den sieben Kategorien zu, indem Sie die betreffenden Buchstaben dahinter schreiben.

Im Anschluss daran listen Sie alle Absprachen und Gesprächsrunden auf, die darüber hinaus offiziell oder inoffiziell stattfinden.

A	Kurze, bspw. tägliche Regeltermine oder spontane Absprachen und Telefonate.
B	Besprechung zur Arbeit *im* Team: Regeltermine, in denen die Arbeit geplant und inhaltliche Entscheidungen getroffen werden.
C	Besprechungen zur Arbeit *am* Team: Regeltermine, in denen die Arbeit organisiert wird: Rollenverteilung oder Entscheidungen über Formate.
D	Besprechungen zum Rückblick auf das gemeinsame Tun: Evaluation der Arbeitsinhalte und der Qualität der Zusammenarbeit.
E	Besprechungen, die die Personen in den Mittelpunkt stellen: Das müssen keine eigenen Besprechungen sein. In vielen Teams ist die Frage nach dem Wohlergehen der Einzelnen und der Qualität des Miteinanders fester Bestandteil anderer regelmäßiger Besprechungen. Ebenso sind speziell auf das Miteinander ausgerichtete Besprechungen denkbar.
F	Formate, die der Weiterbildung und dem Wissenserwerb dienen: Fokusgruppen, Workshops, Raum für inhaltliche Themen, Vorträge etc.
G	Regelmäßige Teamtage, Workshops für die längerfristige Planung und Auswertung sowie zur Pflege der persönlichen Kontakte.

Schritt 1b: Visualisieren der Entscheidungen

Hier bietet sich unsere vierte Forschungsaufgabe an: „Der Handlungsspielraum – Was entscheidet das Team? Wo sind Sie einbezogen? Was wird außerhalb des Teams entschieden?“. So entsteht ein Überblick über alle relevanten Entscheidungen, und zwar sowohl der Entscheidungen, die das Team trifft, als auch der Entscheidungen, die für das Team getroffen werden. Gibt es Einigkeit, welche Entscheidungen in den Verantwortungsbereich des Teams fallen und welche nicht? Unterschiede müssen an dieser Stelle nicht ausdiskutiert werden. Es reicht zur Visualisierung aus, Zweifel und

Widersprüche mit Symbolen oder Kommentaren kenntlich zu machen.

In einem zweiten Schritt wird für die Entscheidungen, die innerhalb des Teams gefällt werden, ergänzt, wie und von wem diese Entscheidungen getroffen werden. Auch hier ist es möglich, dass sich die Wahrnehmung der Teammitglieder unterscheidet. Das kann man ohne weitere Diskussion zur Kenntnis nehmen und mit Neugierde betrachten.

Schritt 2a: Gemeinsame Reflexion der Besprechungen

- Wie effizient, lebendig oder zäh werden die verschiedenen Besprechungen erlebt?
- Über was wird zu viel, über was wird zu wenig gesprochen?
- Gibt es abweichende Meinungen?
- Wird auf die Beiträge anderer Bezug genommen oder werden Statements nur aneinandergereiht?
- Wie entsteht die Tagesordnung, wie wird entschieden, was besprochen wird?

Schritt 2b: Gemeinsame Reflexion der Entscheidungen und der Entscheidungsverfahren

- Wie wird was entschieden?
- Wie wurde entschieden, wie entschieden wird?
- Werden die Entscheidungen umgesetzt?
- Was wollen wir nicht entscheiden?

Anregungen für die Praxis:

- **Probieren geht über studieren: entscheiden**
  In Kapitel 3 haben wir eine Sammlung an Entscheidungsverfahren für Gruppen und Teams zusammengetragen (siehe Seite 92 ff.). Da wir in den Interviews und in unserer Arbeit die Erfahrung gemacht haben, dass neben Mehrheits- und Konsensentscheidungen nur wenige Verfahren bekannt sind und erprobt wurden, kann es lohnend sein, im Team diese Sammlung zu besprechen. Es kann neue Wege eröffnen, wenn Teams sich hier Verfahren aussuchen und über einen festgelegten Zeitraum testen und Erfahrungen sammeln. Insbesondere die dargestellten Konsentverfahren können die Entscheidungs-

fähigkeit und Entscheidungsqualität selbstorganisierter Teams deutlich erhöhen.

- **Probieren geht über studieren: besprechen**
  Besprechungs-, Entscheidungs- und Verfahrensregeln bilden die äußere Form der Selbstorganisation. Doch sie entwickeln auch ein Eigenleben und scheinen sich manchmal selbstständig zu vermehren. Das Zusammenspiel zwischen Arbeiten und Über-die-Arbeit-Sprechen kann auch in der Selbstorganisation aus dem Gleichgewicht geraten. Die Selbststeuerungskompetenz der Teams in der Selbstorganisation erlaubt es, hin und wieder vieles auf den Prüfstein zu stellen. Entscheidungsfähige Teams können radikale Schritte gehen. Wir kennen eine Organisation, in der die Mitarbeiter:innen beschlossen hatten: Am Anfang steht die freie Zeit. Jede Einschränkung muss gut begründet sein. Deshalb beschlossen sie: „Bei uns finden für einen Monat keinerlei Besprechungen statt. Alle Regelbesprechungen werden gestrichen. Und nach einem Monat werten wir aus, welche Besprechungen wirklich gefehlt haben." Ob der Monat weniger produktiv war als andere? Was vermuten Sie? So viel sei verraten: Zahlreiche Besprechungen wurden nicht wieder eingeführt.

Aufgabe 4: Führung verteilen und mit Führung umgehen

Zur Selbsterforschung des Führungsverhaltens im Team schlagen wir vor:

Schritt 1: Visualisieren

Für einen gemeinsamen Überblick, wie und wo Führung im Teamalltag übernommen wird, ist eine Auflistung aller explizit vereinbarten Führungsaufgaben und Führungsrollen sinnvoll. Ergänzt werden kann diese Liste durch wichtige Expertenrollen, die im Team ausgefüllt werden und die Sichtbarkeit und Einfluss mit sich bringen.

Schritt 2: Gemeinsame Reflexion

- Wer führt wann und was?

- Wie ist das Zusammenspiel der verschiedenen Führungsrollen?
- Bei welchen konkreten Gelegenheiten war Führung förderlich, wo hinderlich?
- Wann braucht es Unterstützung von außen?

Überlegungen zur Praxis:

Neben formellen Führungsfunktionen entsteht in Teams auch eine informelle Machtverteilung. Durch Haltung, Auftreten, Sprache, soziale Position und andere Einflussfaktoren entwickelt sich in jeder Gruppe neben den offiziellen Rollen und Funktionen auch eine inoffizielle Hierarchie. Diese zeigt sich u. a. daran, wessen Vorschläge gehört werden, wer sich was traut im Team oder wer Regeln und Vereinbarungen übertreten darf, ohne ausgegrenzt zu werden. Die informelle Machtverteilung wurde in keinem unserer Teams thematisiert, auch nicht auf Nachfrage. Unser Eindruck ist, dass es für die Teammitglieder zu heikel ist, dieses Thema untereinander zu besprechen. Gleichwohl beeinflusst gerade die inoffizielle Hierarchie, wie Führungsrollen besetzt und wie sie ausgeführt werden. Unzufriedenheit im Team oder häufig wechselnde Rollenträger der Führungsaufgaben sind ein Hinweis darauf, auch die inoffizielle Seite der Macht in den Blick zu nehmen. Wie über diese Unterschiede gesprochen werden kann und wann welche Art der Unterstützung sinnvoll ist, diskutieren wir weiter unten bei Aufgabe 6: Reflexion – Lernen aus den Erfahrungen im Team.

Aufgabe 5: Mitgliedern als Personen einen Platz bieten

Zur Selbsterforschung von Zugehörigkeit und dem Platz der einzelnen Teammitglieder empfehlen wir:

Schritt 1: Visualisieren

Um den eigenen Platz im Team kennenzulernen und mit anderen darüber ins Gespräch zu kommen, startet man am besten bei sich selbst. Wie sieht das Team von meinem Platz/ aus meiner Perspektive aus? Dazu visualisiert jedes Teammitglied das Team aus seiner ganz eigenen Perspektive: In die Mitte eines Blattes wird ein Kreis mit den eigenen Initialen (oder den Buchstaben ICH) gemalt, darum die anderen Teammitglieder, gegebenenfalls auch mit Umkreisung markierte Untergruppen. Relevante Personen außerhalb des Teams können ebenfalls aufgenommen werden. Wie nah, wie fern zu mir sind die anderen im Team, wie stehe ich zu den verschiedenen Untergruppen? Mit Linien kann symbolisiert werden, wie viel Kommunikation und Kontakt man selbst mit den anderen hat.

Schritt 2: Gemeinsame Reflexion

Einen guten Platz für jeden Einzelnen

- Mein Platz im Team: Bin ich zufrieden damit?
- Kann ich zur Aufgabe beitragen?
- Finde ich mit meinen Wünschen und Interessen Gehör?

Hilfreiche Gespräche über das Miteinander

- Wenn Fragen zur Person gestellt und bearbeitet werden, ist dann allen klar, warum die jetzt wichtig sind?
- Tauschen wir uns zu viel/zu wenig über die persönliche Situation der Einzelnen aus?

Anregungen für die Praxis:

Das Persönliche zum Thema machen: So viel wie nötig, doch so wenig wie möglich. Teams in der Selbstorganisation brauchen Mitarbeiter:innen, die gern und gut über sich sprechen, die Freude haben an einem selbstbewussten Auftritt und auch sonst gut für die eigenen Interessen einstehen können. In der aktuellen Literatur zur neuen Arbeitswelt sind den Ansprüchen und Erwartungen an Psychologisierung und sozialer Kompetenz leider nur wenig Grenzen gesetzt. So schreiben beispielsweise Joana Breidenbach und Bettina Rollow in ihrem Buch „New Work needs Inner Work“, dass Empathie der zentrale Klebstoff sei, der die Gemeinschaft zusammenhalte. Sie empfehlen, empathieschwache Mitarbeiter:innen zu benennen: „Teams haben dann zwei Möglichkeiten: Entweder die empathieschwache Mitarbeiterin und das Team trennen sich oder Teams … achten darauf, dass sie Aufgaben übernimmt, bei denen Empathie weniger wichtig ist."[2] Das Konzept der „Ganzheit" bei Frederic Laloux (siehe Kapitel 3, Seite 84) geht in eine ähnliche Richtung. Diese Art der Psychologisierung der Arbeitswelt halten wir aber aus verschiedenen Gründen für problematisch:

- Werden sehr persönliche Fragen zum Programm, läuft das Team Gefahr, sich in eine Selbsterfahrungsgruppe zu wandeln. Das ist aus unserer Sicht weder notwendig noch wünschenswert, um gut im Team zusammenzuarbeiten. Zudem sind alltagspsychologische Theorien häufig individualistisch und blenden den sozialen Zusammenhang aus, beispielsweise den Einfluss, den das Team und seine Dynamik auf das Verhalten einzelner Mitglieder hat. Dazu kommt, dass Verhaltensbeobachtungen mit Etikettierungen wie „empathieschwach" unzulässig zu vereinfachenden Charakterbeschreibungen werden. Es ist gut, wenn ich selbst meine Triggerpunkte oder Herausforderungen aus meinem Lebenslauf kenne. Die anderen müssen das nicht wissen, um gut mit mir zusammenzuarbeiten.
- Selbstorganisation sollte keine Insel für gesprächige, sozial kompetente Mitarbeiter:innen sein, sondern allen einen Platz bieten. Selbstorganisation wird sich nur dann erfolgreich etablieren, wenn die Unterschiedlichkeit, die wir in der Arbeitswelt vorfinden und zum guten Teil auch brauchen, integriert werden kann. Dazu gehört auch der berechtigte Wunsch von Mitarbeiter:innen, mehr oder weniger offen über sich, ihre Geschichten und Gefühle zu sprechen. Das Gespräch über persönliche Fragen kann sinnvoll sein und das Team weiterbringen. Wer sehr persönliche Fragen stellt, sollte diese gut begründen können. Persönlicher ist jedenfalls nicht automatisch besser. Denn gegen den sanften Zwang zur Offenheit kann man sich schlecht wehren. Der darin enthaltene Anspruch an psychische Stabilität, persönliche Offenheit und soziale Kompetenz kann Menschen ausschließen, die diesem Anspruch nicht gerecht werden können oder wollen.

[2] Breidenbach & Rollow, 2019.

Die Unterscheidung zwischen beruflich und privat: eine Ermutigung

Persönlich vorzukommen ist wichtig, das Private zu wahren aber auch. Unabhängig davon, welchen Anspruch an Ganzheitlichkeit, Authentizität und Selbstkontakt man haben mag, es gibt gute Gründe, zwischen der beruflichen und privaten Person zu unterscheiden. Diese Unterscheidung ist auch deshalb wichtig, weil wir im Arbeitskontext immer auch abhängig sind von mächtigen Einflüssen und mächtigen Entscheider:innen. Die berufliche Person muss sich mehr schützen können als die private. Die Erwartung, dass auf uns mehr Rücksicht genommen wird, weil wir unser Befinden und unsere Not gezeigt haben, wird oft nicht erfüllt. Wenn ich etwas von mir preisgegeben habe, erwarte ich von der anderen Person mehr Rücksicht auf diese Verletzlichkeiten, die sie nun kennt. Genau das ist im Arbeitskontext aber nur bedingt realistisch, und unrealistische Erwartungen verstärken einseitige Abhängigkeiten.

Aufgabe 6: Reflexion – Lernen aus den Erfahrungen als Team

Zur Erforschung der Lern- und Reflexionsfähigkeit des Teams schlagen wir Folgendes vor:

1. Vorschlag: Der Fragebogen zur Reflexivität aus Kapitel 1 (siehe Seite 43) wird von jedem Teammitglied ausgefüllt, ausgewertet und dann gemeinsam besprochen. Wo stehen wir? Wo gibt es große Unterschiede in den Einschätzungen?

2. Vorschlag: Hierfür greifen wir unsere dritte Forschungsaufgabe auf: „Worüber wird gesprochen, worüber nicht?" Es geht darum, eine gemeinsame Einschätzung zu erarbeiten, worüber geredet werden kann und worüber nicht. Folgende Fragen helfen, die Grenzen zu erkunden:

- Was hätte ich (da und dort) gerne gesagt, habe es aber nicht getan?
- Was habe ich gesagt, es dann aber bereut?
- Es stört mich etwas, ich bringe es aber nicht zur Sprache, weil …

- Es freut mich etwas, ich bringe es aber nicht zur Sprache, weil …

Im Team kann es darüber einen Austausch geben, ob den Einzelnen zu den Fragen etwas eingefallen ist, ohne die Punkte selbst inhaltlich zu nennen. Über die Wirkung eines Tabus oder einer thematischen Grenze kann man beispielsweise reden, ohne sie zu brechen, also ohne das Tabu zu benennen oder das ausgegrenzte Thema zum Thema zu machen. Erst im Anschluss stellt sich die Frage, ob es notwendig ist, darüber zu reden und wenn ja, welchen Rahmen man dafür wählt und ob man dazu Unterstützung von außen holen will.

So kann ein Bewusstsein dafür entstehen, dass man eben nicht einfach über alles reden kann und muss und dass man für manchen Themen, die die Zusammenarbeit betreffen, die Unterstützung von unbeteiligten Dritten von außen braucht.

Anregungen für die Praxis

In den Teams wird über alles geredet, am wenigsten jedoch über Probleme, die sich in der Zusammenarbeit der Beteiligten ergeben. Man kritisiert sich nicht gern und möchte den Frieden nicht stören. Das kann man als einen Mangel an Kompetenz oder Courage der einzelnen Mitglieder ansehen, weil die Einzelnen sich nicht trauen, kritische Punkte anzusprechen. Man kann es auch als Leistung des Teams verstehen, das eine Grenze zieht, um nicht durch gegenseitige Kritik den Zusammenhalt zu gefährden. Es genügt nicht, von den Teams und den einzelnen Beteiligten zu fordern, über Probleme offen zu reden und sie gemeinsam zu lösen. Viele Spannungen werden trotzdem nicht angesprochen. Die Beteiligten bleiben verantwortlich für die Folgen ihres Handelns und vertrauen oft aus guten Gründen nicht blind auf die Konfliktklärungskompetenz eines Teams.

Auch andere Untersuchungen kommen zu dem Ergebnis, dass in selbstgesteuerten Teams bei Retrospektiven Fragen der Zusammenarbeit und die damit verbundenen zwischenmenschlichen und emotionalen Phänomene nicht oder nur ganz begrenzt angesprochen werden.[3] Hier kann und sollte die Organisation die Teams unterstützen. Dafür kann eine Organisation Berater:innen oder Supervisor:innen bereitstellen, die Klärungsprozesse in den Teams gestalten und begleiten können. Dann sprechen wir von Teamcoaching oder Teamsupervision. Dies kann man unterschiedlich professionalisieren: von besonders geschulten Mitarbeiter:innen bis hin zu Fachkräften mit einschlägigen psychosozialen Aus- und Weiterbildungen. Hier zeigt sich eine Entwicklung, dass zunehmend Know-how aus der pädagogischen und sozialarbeiterischen Arbeitswelt in technische und wirtschaftliche Felder Eingang findet. Dort sind regelmäßige Supervisionen von Teams ein Mittel der Qualitätssicherung.

Wenn Teams die Aufgaben übernehmen, die früher Führungskräfte innehatten, brauchen die Teams auch die Unterstützung, das Coaching und die Qualifizierung, die Führungskräften in der Regel zustehen.

Wir haben in diesem Buch auf die Praxis geschaut und gesehen: Fast alles ist möglich.

Selbstorganisation ist kein Status quo. Selbstorganisation verkörpert vielmehr die Dynamik der Veränderung. Es geht darum, auf den Menschen zu schauen, die Arbeit erfolgreich zu tun, gemeinsam zu lernen und sich Veränderungen zu stellen. Wie das geht, wird morgen anders aussehen als heute. Wir hoffen, mit diesem Buch Teams fitter zu machen, den Weg dahin erfolgreich einzuschlagen.

[3] Alexa und Zepke, 2021, S. 109f.

Literatur

Allmers, S., Trautmann, M., Magnussen, C. (2022). *On the Way to New Work: Wenn Arbeit zu etwas wird, was Menschen stärkt.* München: Vahlen.

Antoni, C. (2004). *Gruppen- und Teamarbeit in der Industrie – Erfahrung und Konsequenzen für die Gestaltung.* In C. Velmerig, K. Schattenhofer., Chr. Schrapper (Hrsg.), *Teamarbeit – eine gruppendynamische Zwischenbilanz* (45–58). Weinheim: Juventa.

Alexa, A., Zepke, G. (2021). *Retrospektiven in agilen Softwareprojekten: Reflexion in selbstgesteuerten Teams.* In T. Schweinschwaller, G. Zepke (Hrsg.), *Selbstorganisation konkret! Empirische Befunde zu Möglichkeiten und Grenzen von Agilität und Selbstorganisation* (105–116). Wien: TSO.

Antons K., Ehrensperger H., Milesi R. (2019). *Praxis der Gruppendynamik. Übungen und Modelle.* Göttingen: Hogrefe.

Arrow, H., McGrath, J. E., Berdahl, J. (2000). *Small Groups as Complex Systems – Formation, Coordination, Development, Adaptation.* Thousand Oaks/London/New Delhi: Sage.

Bear, J., Williams Woolley, A. (2011). The Role of Gender in Team Collaboration and Performance. *Interdisziplinäre Science Reviews* 36 (2). https://www.researchgate.net/publication/228196582_The_Role_of_Gender_in_Team_Collaboration_and_Performance.

Behrendt, E., Giest, G. (Hrsg.) (1996). *Gruppenarbeit in der Industrie – Praxiserfahrungen und Anforderung an die Unternehmen.* Göttingen: Hogrefe.

Bergmann, F. (2004). *Neue Arbeit, neue Kultur.* Freiburg: Arbor.

Breidenbach, R., Rollow, B. (2019). *New Work needs Inner Work.* (2. Aufl.) München: Vahlen.

Brinkmann, B., Lang, M. (2018). Selbstorganisation braucht klare Regeln. *Frankfurter Allgemeine Zeitung.* 16. Juli.

Budziat, R., Kuhn, H. (2021). *Gruppen und Teams professionell beraten und leiten.* Göttingen: Vandenhoeck&Ruprecht.

Csar, M. (2020). Agilität als Ziel von Veränderungsprozessen – Sinn und Unsinn in der Einführung von Agilität in Organisationen. *GIO Gruppe-Interaktion-Organisation*, 51, 392–401.

Edding, C. (2015). *Kleingruppenforschung – Geschichte, aktueller Stand, Bedeutung für die Praxis.* In Edding/Schattenhofer, *Handbuch: Alles über Gruppen* (2. Aufl.) (47–84) Weinheim: Beltz.

Edding, C., Schattenhofer, K. (Hrsg.) (2015). *Handbuch –Alles über Gruppen. Theorie, Anwendung, Praxis.* (2. Aufl.) Weinheim: Beltz.

Edding, C., Schattenhofer, K. (2020). *Einführung in die Teamarbeit.* (3. Aufl.) Heidelberg: Carl Auer.

Engroff, B., Stoffels F. (1998). *Gruppenarbeit zwischen Stagnation und Evolution –Stand von Gruppenarbeit in Unternehmen der Zuliefererindustrie.* Großgerau: Selbstverlag Erngroff/Stoffels.

Hackman, R. (1986). *The The design of work teams.* In Lorsch (ed.): *Handbook of organizational behavior – HOB.* Englewood Cliffs. NJ (Prentice Hall), 334–352.

Hackman, R., Wageman, R. (2005). When and how group leaders matter. *Research in Organizational Behavior* 26, 37–74.

Hische, M., Hische, V. (2019). *Projekte leiten, Menschen führen.* Heidelberg: Springer.

Kaonovsky, M. A. (2000). Understanding procedural justice and its impact on business organizations, *Journal of Management* 26 (3), 489–511.

König, O., Schattenhofer, K. (2020). *Einführung in die Gruppendynamik. (*10. Aufl.). Heidelberg: Carl-Auer.

Konradt U., Otto, K.-P., Schippers, M. C., Steenfatt, C. (2016). Reflexivity in Teams: A Review and New Perspectives. *The Journal of Psycholog*y 150 (2), 153–174.

Kuckartz, U. (2018). *Qualitative Inhaltsanalyse. Methoden, Praxis, Computerunterstützung* (4. Aufl.) Weinheim: Beltz Juventa.

Kühl, S. (2021a). Soziologie der Gruppen. *Zeitschrift für Soziologie,* 50 (1), 26–47

Kühl, S. (2021b). Gruppe –eine systemtheoretische Bestimmung. Köln. https://doi.org/10.1007/s11577-021-00728-0

Kuhn, H. (2015). *Das Team als Mittel zur Leistungssteigerung.* In Edding/Schattenhofer, *Handbuch: Alles über Gruppen.* (2. Aufl.) Weinheim: Beltz, 124–161.

Landsberger, H. A. (1958). *Hawthorne Revisited: a plea for an open city.* New York: Cornell University.

Laloux, F. (2014). *Reinventing Organizations.* München: Vahlen.

Leventhal, G. (1976). *What Should Be Done With Equity Theory? New Approaches to the Study of Fairness in Social Relationships.* In: Gezgen (Hrsg.), *Social Exchange Theory.* New York: John Wiley & Sons.

Lewin, K. (1953). *Die Lösung sozialer Konflikte. Ausgewählte Abhandlungen zur Gruppendynamik*. Bad Nauheim: Christian.

Lewin, K. (1947). Frontiers in Group Dynamics. *Human Relations,* 1 (1), 5–41.

Luks, T. (2019). Gruppe und Betrieb –Sozialwissenschaftliche Zugriffe auf industrielle Produktionsweisen, 1920–2000. *Mittelweg,* 36 (6/2019–1/2020), 44–67.

Marrow, A. J. (2002). *Kurt Lewin: Leben und Werk.* Weinheim: Beltz.

Moldaschl, M. (2005) Das soziale Kapital von Arbeitsgruppen und die Nebenfolgen seiner Verwertung. *Gruppendynamik und Organisationsberatung* 36 (2), 221–239.

Oestereich, B., Schröder, C. (2019). *Agile Organisationsentwicklung: Handbuch zum Aufbau anpassungsfähiger Organisationen.* München: Vahlen.

Pinder, C. C. (2014). *Work Motivation in Organizational Behavior.* New York: Taylor & Francis Group.

Pircher, R. (2018). *Agilstabile Organisationen –Der Weg zum dynamischen Unternehmen und verteilten Leadership*. München: Vahlen.

Rosso B. D., Dekas, K. H., Wrzesniewski, A. (2010). On the meaning of work: A theoretical integration and review. *Research in Organizational Behavior.* 30, 91–127.

Robertson, B. J. (2016). *Holacracy: Ein revolutionäres Management-System für eine volatile Welt.* München: Vahlen.

Rosenberg, B. M. (2013). *Gewaltfreie Kommunikation* (11. Aufl.). Paderborn: Junfermann.

Säger, S. (2020). *Führung in der Selbstorganisation. Eine qualitative Analyse zu Handlungen, Einstellungen und Haltungen von Führungskräften in der Selbstorganisation.* unveröffentlichte Masterarbeit, TH Köln.

Schattenhofer K. (1992). *Selbstorganisation und Gruppe –Entwicklungs- und Steuerungsprozesse in Gruppen*. Opladen: Westdeutscher Verlag.

Schattenhofer, K. (2017). Feedback in Organisationen. Der Widerspruch zwischen Anonymität und Klartext. *GIO Gruppe. Interaktion.Organisation.* 48, 339–350.

Schattenhofer K. (2015). *Selbststeuerung in Gruppen.* In Edding/ Schattenhofer (Hrsg.) *Handbuch – Alles über Gruppen.* (2. Aufl.) (449–477). Weinheim: Beltz.

Schmaling, N., Tenn,e D., Wirbals, H. (1996). *Vor Ort und Out-Door" –Trainingskonzept zur Gruppenarbeit –erlebt und reflektiert.* In Behrendt/Giest (Hrsg.). *Gruppenarbeit in der Industrie –*

Praxiserfahrungen und Anforderung an die Unternehmen (9–26). Göttingen: Hogrefe.

Schönert, S.; Münzberg, M.; Staudt, D. (2016). *Projektmanagement in der öffentlichen Verwaltung: Best Practice in Bund, Ländern und Kommunen.* Düsseldorf: Symposion.

Summerer, A., Maisberger, P. (2018). *Teamwork agil gestalten –Das Mitmachbuch.* München: Hanser.

Schonfeld, I. S., Chang, C. H. (2017). *Occupational health psychology: Work, stress, and health.* New York: Springer.

Schweinschwaller, T., Zepke, G. (Hrsg.) (2021). *Selbstorganisation konkret! Empirische Befunde zu Möglichkeiten und Grenzen von Agilität und Selbstorganisation.* Wien: T.S.O. (Texte zur systemischen Organisationsforschung).

Schweinschwaller, T. (2021). *Die Welt in Bewegung: Auswirkungen auf das Verständnis von Arbeit.* In Schweinschwaller/Zepke, Georg (Hrsg.). *Selbstorganisation konkret!* (18–37). Wien: T.S.O. (Texte zur systemischen Organisationsforschung).

Tuckman B. W (1965). Developmental Sequence in Small Groups. *Psychological Bulletin,* 63 (6), 384–399.

Tajfel, H.; Turner, J. C. (1986). *The social identity theory of intergroup behavior.* In Worchel/Austin (Hrsg.): *Psychology of intergroup relations.* Chicago: Nelson-Hall.

van Dick R., West M.A. (2005). *Teamwork, Teamdiagnose, Teamentwicklung.* Göttingen: Hogrefe.

van Knippenberg, D., Mell, J. N. (2016). Past, present, and potential future of team diversity research: From compositional diversity to emergent diversity. *Organizational Behavior and Human Decision Processes* 136, 135–145.

Väth, M. (2016). *Arbeit, die schönste Nebensache der Welt. Wie New Work unsere Arbeitswelt revolutioniert.* Offenbach: Gabal.

Vermeren, P. (2019). *A Skeptic's HR Dictionary.* Londerzeel: A4SK-consulting.

Weixelbaum, I. (2016). *Mit Teamreflexion zum Teamerfolg. Analyse, Modellierung und gezielte Förderung kollektiver Reflexionsprozesse.* University of Bamberg Press.

Wimmer, R., Meissner, J.O., Wolf, P. (Hrsg.) (2009). *Praktische Organisationswissenschaften –Lehrbuch für Studium und Beruf.* Heidelberg: Carl-Auer.

Zepke, G. (2021). *Selbstorganisation im Überblick.* In Schweinschwaller/Zepke (Hrsg.) *Selbstorganisation konkret!* (38–82). Wien: T.S.O. (Texte zur systemischen Organisationsforschung).